ひみつの植物

藤田雅矢

WAVE出版

ひみつの植物

はじめに

ピンクのタンポポ、真っ赤なヒマワリ、オレンジ色のカリフラワー、素麺になるカボチャ、脱皮する石ころそっくりの多肉植物、子どもが乗っても沈まないハスの葉……そんな植物ってホントにあるの？　と思われた方、それがあるんです。世界広しと申しますが、この地球上にはあっと驚くような植物が秘かに生えているものなのです。

私が子どもの頃によく眺めていた図鑑には、世界の珍しい植物を紹介したページがあり（当時は写真ではなく絵で描かれていたのですが）、それを見て「こんな植物があるのか！」と、一度はこの手に取って本物を見てみたいと夢見たものです。それが高じて、いまでは植物を相手にする仕事について、タネをまいて芽が出たときの喜びを感じるとともに、いまなお珍しい植物を見かけると心ときめきワクワクしています。

そしてありがたいことに、子どもの頃にはとても珍しかった海外の植物なども、いまでは近くの園芸店で見かけるようになりました。それも、意外と安い

値段で手に入れることができるのです。あるいは、インターネットが普及したおかげで、欲しい植物の名前でちょっと検索してみると、画像付きで通信販売の案内が見つかったりします。クリックして注文するだけで数日後には品物が届き、「あれほど欲しかった植物が、わが手元に！」と梱包を解いて、思わず頬をすり寄せたくなるくらいです。

はじめに紹介したピンクのタンポポ、真っ赤なヒマワリ、オレンジ色のカリフラワー、素麺になるカボチャ、どれもこの手で育てたことがあります。ちょっと、ぱらぱらとこの本のページをめくってみてください。けっこう変わった植物が載っているでしょう。どうです、手に入れてみたいと思いませんか。そして、ベランダや、庭の花壇で育ててみたくないですか。

そんな人のために、本書はあります。私が実際に手に入れて育ててみた顛末、あるいはその植物にまつわるあれこれなど、書き綴ってみました。そして、変わった植物の取り扱い先なども紹介して、いっしょに楽しんでもらえるようにしました。

インターネットの恩恵というのはすごいもので、昔なら一人寂しくマイナーな植物を育てて楽しんでいるような人たちも、いまではホームページを立ち上げて、自慢の植物の画像をＵＰしてみたり、ＢＢＳで全国に（もしくは世界中に）、

同じ植物を育てる輪が広まったりしています。私自身も、しばらくご無沙汰していた「石ころそっくりの多肉植物」と再会し、ここ二、三年ですっかり植木鉢が増えてしまいました。また、夏になれば、とても朝顔に見えない江戸時代の文化遺産「変わり咲き朝顔」を栽培する人たちでにぎわうBBSが、楽しみのひとつになっています。

そこで、本書ではそんな趣味の方々のホームページも少し紹介しています。もっとも、それはほんの入口にしか過ぎません。訪ねたホームページのリンク集から、さらにたどっていけば、そこには珍奇植物を愛でるディープな人たちの世界が広がっているかも知れません。

また、珍しい植物のなかには、大きすぎてとても家庭では栽培できないものや、さすがに入手困難なものもあります。そんな場合は、見ることのできる植物園などの情報も載せていますので、ぜひ出かけて行って「こんな植物があるのか！」と、本物を自分の目で確かめてみてください。

それでは、ページをめくってお好みの植物を見つけてください。あとは、手に入れて育ててみるなり、その植物専門のホームページを訪ねてみるなり、ワクワクしながらひみつの植物に会いに出かけましょう。

著者

ひみつの植物　もくじ

3 色変わりの異端児

4 食べられます

5 偏愛的植物

6 文学のかをり

7 ザ・インパクト

8 野の花

育てる際の目安として難易度を記しました。

★………簡単。たいていうまくいきます。

★★……中程度。そこそこの知識と経験が必要。

★★★…難しい。失敗覚悟で挑戦！

ブックデザイン　松田行正＋中村晋平

写真　著者＋淺本竜二

イラスト　木下綾乃

DTP　つむらともこ

★おことわり

本書は、2005年4月現在（2013年6月一部修正）の情報です。

育て方のポイントは、関東地域の平坦地を想定しています。

科名、学名は、週刊朝日百科『世界の植物』(朝日新聞社)を参考にしました。

通販を利用される場合には、各社の取引条件などをよくご確認ください。植物は季節商品ですので、入手できる時期などが限られ、値段に変動がある場合もあります。(各社とトラブルがあった場合、一切責任は負いかねます)

1

贈りたいもの

ちょっと変わったきれいな植物。
値段も手頃で、育て方も簡単だから、
贈りものにぴったり。
受け取った人は、まず驚いて、
そして喜んでくれるだろうなあ。

贈りたいもの 1

コレは植物なのか、
緑のガラス細工

植物名：ハオルシア“オブツーサ”

・アロエ科

・多年草

学名：*Haworthia obtusa*

難易度

★

オブツーサに似ているが葉先がとがった「雲翠」(右)。我が家に20年いる「万象」。ゆっくりゆっくり成長します（左）。

オブツーサの写真を初めて見たとき、思わず手に入れたいと思いました。本当にコレは植物なのか……。一見、ゼリーみたいな感じでぷよぷよしているようにも見えますが、実際にさわってみると、案外硬くてしっかりしています。肉質の丸い葉っぱに、光をとりいれる透明な窓がついていて、光に透かすと緑色とのコントラストがガラス細工のようにも見えるのです。多肉植物の中でも人気種ということですから、きっと多くの人を魅了する美しい姿をしているのでしょう。

原産地は、南アフリカの砂漠地帯です。砂に埋もれて、窓の部分を砂の上に出しているのが、現地での姿だと聞きます。見てくれる人など誰もいない砂漠で育った植物なのに、砂の中から掘り出して鉢植えにしてみると、こんな可憐な姿をしているというのは何とも不思議なものです。

右の写真のオブツーサのほか、ハオルシアの仲間は多肉質の葉っぱに、このような透明な窓を持っているものが多くあります。それも葉先がとがっていたり、細かな毛が生えていたり、葉っぱに光沢があったりと、様々なバリエーションがあり、集めはじめるとけっこうはまってしまいます。

変わった植物だから、とても高価なのではと思われるかも知れませんが、多くは一株数百円くらいで手に入ります。実は本書執筆のためと言いつつ、ハオ

大理石でできているようなガステリアの斑入り種「富士子宝」。

ルシアの仲間をいろいろと十種類近く買い込んで、その姿を眺めて悦に入っているところなのです。

日本にはかなり昔から導入されていたようで、「万象《ばんしょう》」や「玉扇《たまおうぎ》」などという古風な和名がつけられた種類もあります。また、ディープな趣味家の間では、窓の部分の模様が特に美しい品種や、斑入りの変わった品種などが、一株ウン万円などという値段で取引されているようです。確かにとても美しいのですが、さすがに、そこまでは手が出せません。

また、近縁種に同じアロエ科のガステリアがあり、こちらには窓はありませんが「臥牛《がぎゅう》」や「富士子宝」という名前で出回っており、斑入り品種はまるで大理石でできているかのような質感があって、これまた魅力的です。

いずれも、暑さや寒さには丈夫なので、凍らさなければ屋外でも栽培ができます。多肉植物なので、水やりは週に一度もいらないくらい。また、砂漠地帯が原産ですが、直射日光がガンガン当たるような場所より、明るい半日陰に置いてやると、葉っぱの緑も窓もさえて美しく育ってくれます。

強いて難を言えば、成長がやや遅いことでしょうか。もう二十年ものになろうという我が家の万象くんは、うちに来た当時からの小さな植木鉢にあいかわらず植わっていて、数年前にようやく二株に増えたところです。

逆に場所をとらないので、いろいろとコレクションするには適しているといえるでしょう。

お取り寄せの仕方

大きさや窓の模様にもよるが、小さなものは1株数百円から、上はウン万円まで。一般の園芸店ではあまり扱っていないので、いろいろな種類を入手するには、以下のような通販の利用が便利。

山城愛仙園
http://www.aisenen.com/

奈良多肉植物研究会
http://www3.kcn.ne.jp/~sakainss/

育て方のポイント

明るい日影ぐらいの方が、葉っぱの緑も窓もきれいに成長する。凍らさなければ、屋外での栽培も可能。水分をためるためか根も太く、乾いたら水をやる程度で丈夫に育つ。サボテン用土では乾きすぎるので、ふつうの園芸用土でよい。長い茎を伸ばして花もつけるが、花は地味である。

Webシャボテン誌
http://www5e.biglobe.ne.jp/~manebin/
（サボテン、多肉植物の情報満載、リンク集もあり）

参考文献：『多肉植物写真集』（河出書房新社）

空飛ぶパイナップルを
アレンジする

植物名：エアプランツ
・パイナップル科
・多年草
別名：チランジア、ハナアナナス
学名：*Tillandsia* sp.

花をつけた
チランジア“フックシー”

難易度
★

花が大きくて美しいチランジア・キアネア。斑入り種は、花がない時期も観葉植物になります（左）。丈夫で形がおもしろいチランジア・ブルボーザ（右）。

あれは、夏の昼下がりのことでした。男たちは昼間っから何をするでもなく、公園のベンチに座って、ぼーっと時間を過ごしています。そんな南米の地に仕事で訪れていたわたしも、真似してぼーっと座ってみたのですが、何もしないというのは意外と日本人にとっては苦痛なものです。

そうして道行く人や町の景色を眺めていたとき、ふと空を見上げると、ちょうど握りこぶし大くらいの緑のボールが電線にいくつもくっついているのを見つけました。あれは何だろうと思って気をつけて見てみると、ほかにも街路樹の枝などにくっついていることがあり、どうやら植物のようなのです。結局、そのときは何かよくわからなかったのですが、これこそ野生のエアプランツだったのです。

そのあと、日本に帰ってきてしばらくすると、エアプランツのブームが起こりました。その当時は、「水をやらなくても育つ不思議な植物」というイメージで誤った紹介をされたため、買っていった人はたいてい干からびさせてしまったことでしょう（残念ながら、いまなおホームセンターで干からびているのを見かけることがあります）。

さすがにエアプランツも生きている植物なので、水なしで生きていくことはできません。しかし、二、三日に一度霧吹きしてやるか、面倒くさければ週に

水やりは2、3日に一度の霧吹きか、週に1回位数時間水につけて引き上げ、つるして乾かします。

一度くらいドボンと二、三時間水につけたあと、つるしておいてやるだけで、見違えるように大きく成長してくれます。風通しのない蒸し暑いところが苦手な点さえ気をつけてやれば、美しい花を——それも種類によっては、いい香りを漂わせてくれる花を咲かせてくれるのです。

そして、花を咲かせたエアプランツは、綿毛のついたタネをつけることがあります。ふわふわと風に飛ばされたタネは、電線にくっついて南米で見かけた緑のボールへと育つのでしょう。日本で入手できる株の多くは、人工的にタネから育てた中南米のエアプランツ農園からやってくるみたいです。

さて、こんなエアプランツはいったい何の仲間かと申しますと、学名をチランジアといい、実はパイナップルの仲間なのです。チランジアの中でもたくさん種類があって、丈夫な種類のイオナンタやブルボーサ、そして花の美しいストリクタなどが普及品種です。

ちょっと変わったその姿は、妙なものが好きな人への絶好の贈り物……それも、アルミの針金を使ってワイヤーワークを作ってやるとか、コルクなどに接着剤でくっつけてしまうこともできるので、アレンジ次第で個性的なプレゼントになるのは間違いありません。

ほかにもハナアナナスと呼ばれるチランジア・キアネアという種類があり、

アルミの針金で、お手製のワイヤーワークを作ってやると楽しめます。意外と簡単。

こちらはもう少し水が好きなので鉢植えにして育てることになります。
花が咲いたときは、葉っぱが紅葉して見事な姿を見せてくれますが、キアネアには斑入り葉の種類もあり、これだと花のないときでもステキな観葉植物になります。

お取り寄せの仕方

最近はホームセンターでもよく見かけるので、なるべく入荷したばかりで干からびていない元気なものを選ぶこと。400〜1000円くらい。（ただし、通販のレアものなどは高価）

たゆみまWebサイト　PINEAPPLE NETWORK
http://pineapple-net.jp/
（エアープランツの通販。初心者向けセット6種2500円もあり）

ワイルドスカイ
http://wildsky.net/

育て方のポイント

エアプランツの名前の通り、風通しのいいのが大好き。閉めきって蒸し暑いのは苦手で、サボテンと同居は難しい。明るい窓際の風通しのよいところに置いてやること。冬場はできれば10℃以上、要は人間の快適な場所が適する。花が終わるとその株は終わりで、株元から新しい子株が生長してきて群生株になる。

熱川バナナワニ園
静岡県賀茂郡東伊豆町奈良本1253-10
tel.0557-23-1105
http://www.i-younet.ne.jp/~wanien/
（日本有数のコレクションが見られる）

ティランジアの世界
http://www.age.cx/~airplant/
（画像集も充実）

参考文献：『ティランジア・ハンドブック改訂版』（日本カクタス企画社）、『サボテン＆チランジア』（NHK出版）

根も葉も、土も水も無しで、花咲く植物

植物名：コルチカム
・ユリ科
・多年草
別名：イヌサフラン
学名：*Colchicum autumnale*

難易度
★

サフランは、水栽培でも自家製スパイスになるので一石二鳥です（右）。黄色いヒガンバナ（左）。学名のリコリスという名前で出回っています。ほかに白やオレンジ色の種類もあり。

根も葉もなくて、土も水も無しで咲く花なんてありますか？　と思われるかも知れませんが、それがちゃんとあるんです。それも、球根を机の上に転がしておくだけでＯＫ。それなら、ちょっと買ってみたくなりますよね。面倒くさがりの人にも、プレゼントできそうです。

その植物の名前は、コルチカム。和名はイヌサフラン、といっても香辛料になるサフランの仲間ではありません。

サフランのほうは、アヤメ科のクロッカスの仲間で、クロッカスと同じように水栽培ができます。こちらは根も葉もありますが、花が咲いたら真ん中にある三つに分かれた赤い雌しべをあつめて干しておきましょう。十本もあれば、パエリアやブイヤベース一回分に十分な量の自家製サフランのできあがりです。これなら花も楽しめるし、あとで料理にも使えて一石二鳥です。

ちょっと、話がそれてしまいました。さてコルチカムですが、こちらは秋のお彼岸の頃に真っ赤な花を咲かせるヒガンバナ（曼珠沙華《まんじゅしゃげ》）に近い仲間になります。ヒガンバナは、花のあとから葉っぱが出てきますが、コルチカムもこれと同じです。机の上に置いておくだけで、つぼみを伸ばしてきれいな花を咲かせてくれます。球根に蓄えた養分だけで咲いてくれるので、とりあえずは根も葉もなくて、土も水もいらないというわけです。もちろん、そのままでは花のあ

オランダから輸入される低温処理済のアマリリスは、水をやって30〜60日ぐらいで花が咲く。

と枯れてしまいます。しかし、土に植えてやれば葉っぱが伸びてきて、来年もまた花を咲かせてくれるかも知れません。

さて、そのヒガンバナですが、球根から澱粉がとれて食用になるので、飢饉のときの救荒作物として田んぼの縁に植えて日本中に広まったという説があります。そういえば、田んぼの畦によく見かけますよね。ただし、ヒガンバナの球根には毒があって、そのままでは食べられません。水にさらすことで、毒が流れて食べられる澱粉が得られます。

逆にこの毒を利用して、つぶした球根を壁土に混ぜ込んでネズミを防いだともいいます。赤い花を咲かせるだけではなく、そんな利用法もあったのです。ヒガンバナの親戚であるコルチカムにも、アルカロイドの一種のコルヒチン（染色体の分裂を妨げる作用があり、それを利用した品種改良などに使われる試薬や、痛風の薬になります）が含まれているので、サフランと違って決して口にされぬようご注意ください。

また、ヒガンバナを大きくしたような植物といえば、南アメリカ原産のアマリリスがあります。アマリリスは、低温にあわないと花芽ができない性質があるのですが、人工的に低温処理を済ませて鉢植えにし、あとは水をやるだけで花が咲くというお手軽なオランダからの輸入品が出回っています。

サフランの水栽培。

最近では、すばらしい八重咲きの新品種が続々とつくられており、冬場の花の少ない時期に花を咲かせてくれるので、これもつい買ってしまいます。おかげで、アマリリスの鉢植えも増えてしまいました。見栄えがするので、こちらもプレゼントに最適です。

お取り寄せの仕方

コルチカムは花の時期が10月頃なので、8月末～9月にかけて球根が入手できる（1球400円前後）。咲かせるだけなら、机の上に転がしておくだけなので、これは超簡単！　サフランも植付は同じ頃で、球根は10球800円程度。

アマリリスは、オランダからの輸入物で低温処理を済ませて鉢植えにし、あとは水をやるだけで花が咲くようにしたものを12月～2月頃に箱詰めで売っている（1鉢1500～2000円くらい）。いずれもホームセンター、園芸店で入手可能。大手種苗会社などの通販でも扱っている。

タキイ種苗
http://www.takii.co.jp/

国華園
http://www.kokkaen.co.jp/

育て方のポイント

翌年も花を見たければ、コルチカム、サフランとも、はじめから鉢植えにするか、花が咲いたあとに土に植えて、チューリップなどと同じような管理が必要。

アマリリスも花のあと葉っぱが出てくるので、一回り大きな鉢に植え替えてやりたい。大きな球根になると、1球から2つも3つも茎を伸ばして花をつけ、かなり見応えがある。

コラム1

育て方のきほん

植物が育つのに必要なもの——水、光、空気、土、養分、温度というところですが、ただあればいいというものではありません。

水が無ければ干からびてしまいますが、水没してしまってもたいていの植物は根腐れをおこして枯れてしまいます。光もあまりに強すぎる直射日光は、葉焼けを引き起こす原因にもなります。つまり、それぞれ「適当な」水、光、空気、土、養分、温度が必要ということなのです。

この「適当な」を物言わぬ植物といっしょに感じてやれるなら、もうあなたはグリーンフィンガー（英語で、植物を上手に育てられる魔法の指を持つ人の意）です。といっても、そんなものすぐにはわかりませんよね。誰だってそうだと思います。わたし自身、これまでにどれだけの植物を枯らしてしまったことか……いま思えば日当たりが悪かったことが原因で溶けるように消えていったメセンたち、海外からせっかく取り寄せたのに日本の気候にあわなくって芽が出たのにすぐ枯れてしまった植物たち、水のやりすぎで腐ってしまったサボテンたちなどなど。ようやく、そこそこに植物を育てられるようになったのも、これまで数多くの植物たちの犠牲があったからこそでしょう。それでもまだまだ未熟者のチャレン

ジャーだと思っています。

ただ、少しでも犠牲を減らすための努力はできます。この本では少々変わった植物を取り上げているので、一概にこうしてやれば植物の機嫌がよくなりますよ、と書くのは難しいのですが、まずはその植物について、いろいろな情報を得ることでしょう。栽培の手引き書があれば一番よいのですが、まずは植物図鑑などでその植物の原産地を調べてみることから始めてみましょう。遠い原産地からどんな因果で、あなたの手元へとたどり着いたのかはわかりませんが、生まれ故郷に近い環境をつくってやれば、きっと機嫌がよくなるはずです。

あとは、よく、顔を見てやること。毎日とは言わないまでも、二、三日に一度は声をかけてやると、ちょっとした変化に気がつくことが多くなります。放ったらかしもいけませんが、水をやりすぎたり、かまい過ぎもまたよくないようで、つかず離れず……なんだか人付き合いか、子育てにも似てきました。でも、そんなに難しくかまえることはありません。植物の方から大きなリアクションはありませんが、話しかけてやれば、葉っぱを伸ばしたり、きれいな花を咲かせることで、きっとあなたに応えてくれるはずです。

2

変わりもの

本当にこんな植物があるの？
思わず、そう訊ねてしまいそうな植物たち。
そんな変わった植物、珍しい植物を、
もし自分で育てることができるなら、
手に入れたいと思いませんか。
そして、それを誰かに見せたくなるものなのです。

砂漠の宝石、もしくは石ころ

植物名：リトープス
・ハマミズナ科
・多年草
別名：イシコロマツバギク
学名：*Lythops* sp.

「紅窓玉」の種子をまいて育てたもの。
脱皮を2回してここまで大きくなりました。

難易度
★★

新しい植物が脱皮して中から出てきたところ（右）。古い植物の方は、やがて干からびてしまいます。左は、花が咲いたところ。キクのような白や黄色の花を咲かせる（左）。

かつて小学館の学習図鑑シリーズに『植物の図鑑』という本があり、子どもの頃はよくそんな本を眺めて過ごしていました。なかでもお気に入りは、世界の珍しい植物を描いたページでした。そのページに、巨大な花で有名なラフレシアなどといっしょに描かれていたのが、このイシコロマツバギクことリトープスです。

ユーモラスな和名ですが、こんな石ころにそっくりの植物なんて本当にあるのだろうかと、子どもながらに思ったものです。動物に見つかって食べられてしまわないように石に擬態しているらしく、表面の模様や色も様々なタイプがあります。けっこう日本人の好みに合っていたのか、昭和の初めにはかなりの種類が導入されていて、日輪玉《にちりんだま》、紫勲《しくん》、李夫人《りふじん》、巴里玉《ぱりだま》、琥珀玉《こはくだま》など、色と模様にあわせて様々な品種名がつけられています。石ころというよりは、まさに生ける宝石という感じです。

その和名からわかるように、マツバギクの仲間が砂漠でも生きていけるように進化したものです。葉っぱが二枚だけになり、そこに水を貯められるように極端に肉質化して融合し、一つの玉のような姿になってしまったということでしょう。それでも花はマツバギクのままで、秋になると白や黄色の花を咲かせてくれます。

葉っぱの模様や色で、様々な種類があります。花の咲いた「福来玉」（左）と、「花輪玉」（右）。

あとから出てくるコノフィツム（82頁）もそうですが、この植物は石ころに似ているというだけではなく、植物のくせになんと脱皮をするのです。原産地の気候が、わずかに雨の降る雨季と、乾ききった乾季の繰り返しであるため、わずかな水を頼りに成長し、乾季には完全に表面は干からびてしまいます。しかし、その間に内部では次の雨季にそなえて翌年の新球が作られ、やがて古い皮を破って新しい植物が姿を見せてくれるのです。厳しい環境に適応した姿とはいえ、その生態には驚きです。

中学生の頃、どうしても手に入れたくて白黒写真の小さなカタログを何度も見ながら、毎月何百円だったかのお小遣いで、どれが買えるかと思い悩み（当時一株二百円～、いまもあまり値段は変わらない）、通販で注文した憶えがあります。

ティッシュペーパーに包まれて届いた小さな株を、植木鉢に植えるのですが、残念なことに何度も腐らせてしまいました。いま思えば、腐るのはたいてい日当たりが悪いのが原因です。思った以上に太陽の光が大好きなので、成長期にはできる限り日に当ててやりましょう。また、日本の夏のような蒸し暑いのは苦手なので、冬に加温できるなら長野県のような高冷地の気候がいいようです。そのため、長野県にはリトープスやコノフィツムの生産業者も多いようです。

雨季と乾季がはっきりしたところに生息しているので、日本でもそのように

緑が美しい「オリーブ玉」。中に新球が見えます。

管理してやるとうまく育ってくれます。春と秋に成長させるという一年間メリハリのきいた栽培が必要で、水やりもちびちびやらずに、乾いたら鉢底から水が出るほどやるといいでしょう。

お取り寄せの仕方

最近はホームセンターなどで数百円程度で見かけることがあるが、品種名などがはっきりしないことが多いので、きちんとしたものを入手したい場合は、専門店から通販で購入するのが一番。新球が成長をはじめ、花を咲かせる秋が植え替えの適期で、この時期であれば根のない株が送られてきてもすぐに発根して根付くので安心。

山城愛仙園
http://www.aisenen.com/

奈良多肉植物研究会
http://www3.kcn.ne.jp/~sakainss/

育て方のポイント

十分な日当たりと、メリハリのある水やりが肝心。成長期の9～11月には月に3回程度の水やり（やるときは、鉢底から水が出るくらいたっぷりと）、12～3月にかけては脱皮期にあたるので、水やりは月に1回程度に減らす。このとき、ついつい水をやってしまうと、二重脱皮といって脱皮したのにもう一度脱皮して小さくなってしまうことがあるので注意。4～6月は再び水やりを月に3回程度にして成長させ、梅雨入り以降また月に1回程度にして、夏の間だけは半日陰に置いてやるとよい。

Webシャボテン誌
http://www5e.biglobe.ne.jp/~manebin/
（サボテン、多肉植物の情報満載。リンク集もあり）

日本人はスゴい、江戸時代の文化遺産

植物名：変わり咲き朝顔
・ヒルガオ科
・一年草
別名：変化朝顔
学名：*Ipomoea nil*

難易度
★（正木）～★★★（高度な出物）

草丈は10cmにもならない朝顔「渦小人」、
草丈のわりに花は大きい。
親木から1／4の確率で出る。

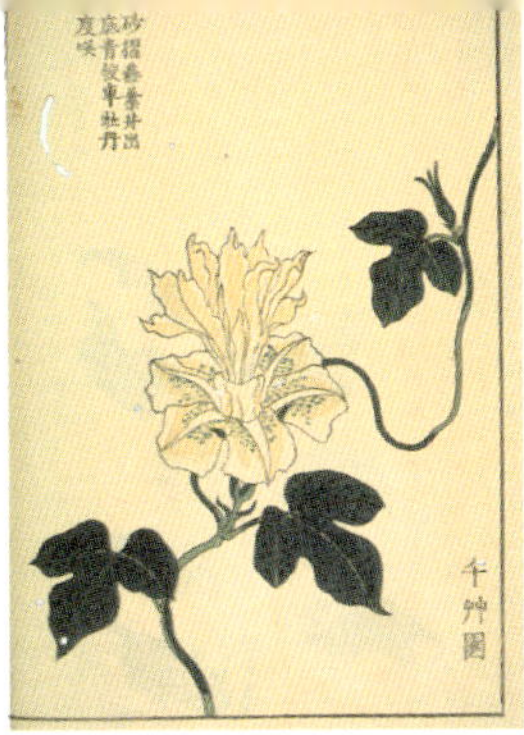

江戸時代には黄色い朝顔を描いた図譜がある(「朝顔三十六花撰」1854年)。朝顔とはとても思えない花をつける流星獅子咲牡丹(左)。

夏の間は早起きして、まず一番にベランダの朝顔を見るのが、変わり咲き朝顔に出会ってから、ここ十数年来の楽しみになっています。朝から花を咲かせた朝顔の顔を一通り眺め、水やりをしてから仕事に出かける夏の日々です。

いまでは朝顔といえば大輪朝顔を指すようになってしまいましたが、江戸時代から第二次世界大戦前までは、変わり咲き朝顔の方が主流でした。天下太平の江戸時代には、大名から庶民まで朝顔ブームに沸いた時期があり、全国各地で変わった朝顔を持ち寄って、風流に花合わせの競技会が催されていたようです。特に入谷の植木屋が、朝顔師として珍しい朝顔を栽培しており(この頃から入谷の朝顔が有名になったようです)、相撲の番付みたいな朝顔の番付表に名前が残っています。

また、江戸の絵師の手によって描きとめられたいろいろな朝顔の図譜が残っており、残念ながらいまは絶えてしまったようですが、見たこともない黄色い朝顔もしっかりと描きとめられています。

変わり咲き朝顔の中には、咲いたその花から種子が採れる「正木《まさき》」と、花の変化が激しすぎて(たとえば、雄しべや雌しべが全て花びらに変わってしまっている牡丹咲き)、その花からは種子が採れない「出物」と呼ばれるものがあります。

特に出物の鑑賞価値が高いわけですが、種子が採れないのではどうにもなり

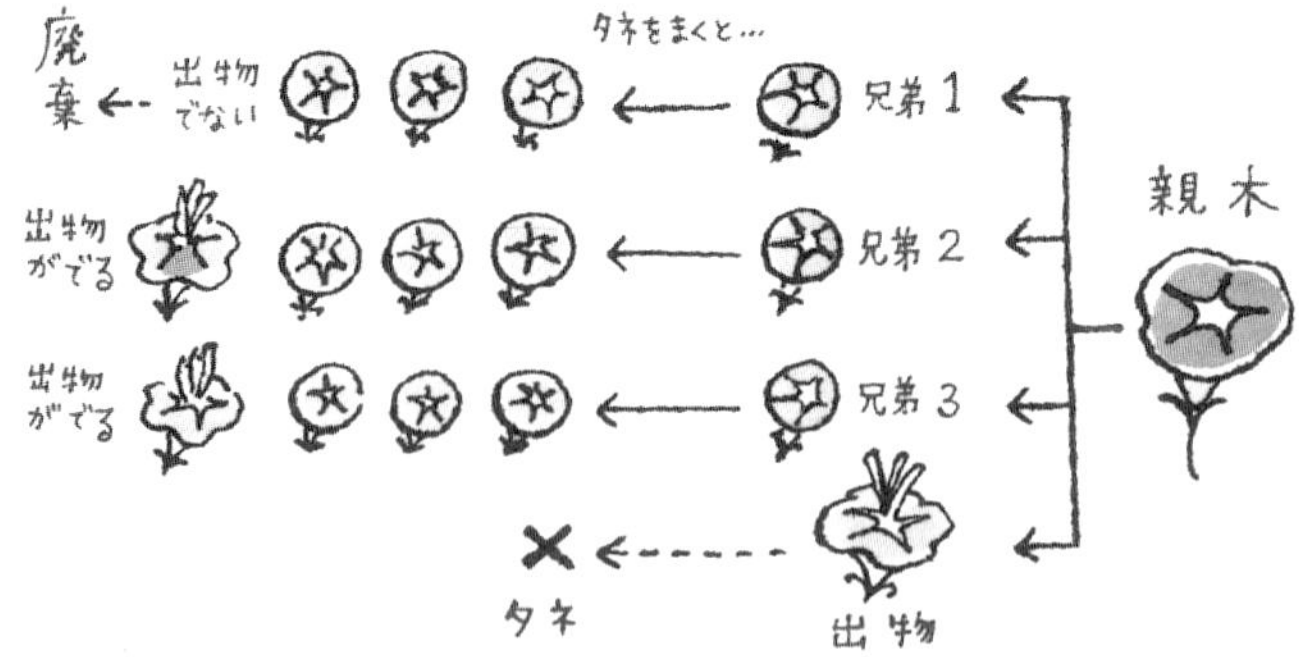

ません。

　では、そんな種子の採れない朝顔をどうやって維持していくかというと、そこには遺伝の秘密があります。出物の兄弟の中には、ふつうに種子の採れる株があり、その中には「出物」となる遺伝子を隠し持っている兄弟株（「親木《おやぎ》」と呼ばれます）が混じっています。翌年その親木の種子をまいてやると、鑑賞価値の高い「出物」株と、種子のできる兄弟株とが出てくるので、兄弟株の中からまた親木の種子を採って維持するという調子です。出物が出る割合などは、高校の生物の授業で習うメンデルの遺伝の法則に従います。

　ここで驚くべきことは、そうやって朝顔師たちが変わった朝顔を咲かせることを競っていた江戸時代には、まだメンデルの法則が知られていなかったということです。生物の授業なんて受けたはずもないのに、朝顔師たちは経験的な知識から数多くの変わり咲き朝顔をつくり、それを維持して咲かせ続けてきたのです。これこそ、まさに江戸時代の文化遺産と言えるでしょう。

　その変わり咲き朝顔も、第二次世界大戦で朝顔作りの余裕もなくなり、貴重なタネも残念ながらほとんどが失われてしまいました。しかし、戦争中も種子を大切に守り続けてきたごく一部の愛好家の手によって生き延びたものがあります。現在では研究材料として大学に保存され、それを元にして新しい品種も作られたり、静かな平成のブームが起こりつつあります。

＊あわせて、94頁の変化朝顔画像集もご覧ください。

桔梗咲きの朝顔

お取り寄せの仕方

初心者は、変わり咲きのなかでも市販されている桔梗咲き、紅ちどり（しだれ小輪）、サンスマイル（蔓が伸びない）などの変化の少ないものから挑戦するのがお勧め。タネは1袋200円前後。そこで自信がついたなら、より高度な出物系統へのパスポートが得られたことになる。

高度な変わり咲き朝顔は市販されていないので、研究会に入会して種子の分譲を受けるか、研究用に保存されている九州大学仁田坂研究室（アサガオホームページ）が有償で申し込みを受け付けているのでHPから申込書のダウンロードを。

アサガオホームページ
http://mg.biology.kyushu-u.ac.jp/

変化朝顔研究会
http://www.geocities.jp/henka_asagao/

育て方のポイント

変化の大きいものは花だけでなく、葉がよじれたり、成長が遅かったりするので、鉢植え栽培が基本。タネまきは5月頃で、成長の遅い出物では、開花が9月になることもある。

また、双葉の形でどのような花が咲くかわかる場合があり、出物を毎年咲かせるつもりで種子を維持するためには、ある程度遺伝の知識が必要となる。生物の授業なんてない江戸時代の人たちができたのですから、少し勉強するだけで、新たな朝顔の世界が広がります。

参考文献：『アサガオ 江戸の贈りもの』（裳華房）

針が無くても
サボテンだもの

植物名：ランポー玉
・サボテン科
・多年草
別名：有星類（アストロフィツム）
学名：*Astrophytum myriostigma*

斑入りの四角ランポー玉錦。

難易度
★★

真っ赤に染まった小苗の紅葉ランポー。これからが楽しみ（右）。オレンジに色づいた紅葉ヘキルリランポー玉（左）。

サボテンと聞いて目に浮かぶのは、砂漠の真ん中に生えている大きな柱サボテンとか、ウチワサボテンではないでしょうか。ステロタイプな感じもしますが、そのトゲだらけの姿こそ、まさにサボテンのイメージといえるでしょう。そんなサボテンのトゲは、葉が変化したものですが、サボテンの仲間にはこのトゲをさらに変化させてしまって、柔らかい毛のようになってしまったり、無くなってしまったりと、サボテンなのにサボテンらしからぬ不思議なサボテンたちもいます。

我が家でも、昔、祖母がウチワサボテンを育てていました。一見それほど鋭いトゲには見えないのですが、見かけによらず刺さるとかなり痛く、鉢植えにさわってひどい目にあったことがあります。その点、トゲのないサボテンというのは、植え替えたりする際にも扱いやすいです。

人気があるのは、トゲが変化して星と呼ばれる点々になってしまった兜《かぶと》、あるいはその星も目立たなくなったランポー玉などの有星類（学名をアストロフィツムといい、「星がある」という意味）です。

また、トゲが毛に変化してしまったロホホラ類と呼ばれるサボテンのなかには、白い毛ゆえか「翁《おきな》」などという和名をもつ品種もあります。こちらも、トゲなしサボテンの代表格といえるでしょう。

有星類の一種「兜」。

有星類のランポー玉は、漢字で書くと「鸞鳳玉」と書きます。真上から見ると、姿そのものが星形をした五角形の美しいサボテンです。このサボテンに魅せられた人たちが、細かな点々のある五角形の「ふつうの」ランポー玉から、これまた様々な変わりものをつくり出しました。

細かな点々すら無くなってつるつるの肌になったものは「碧瑠璃《ヘキルリ》ランポー玉」、点々の星が濃淡になったものを銀河に見たてて「アンドロメダ」と呼ばれる種類もあります。また、突然変異で五角形だったのが四角形や三角形のように数が減ったもの、逆に数が増えて六角、七角になったもの、さらに先祖返りでトゲが生えてくるようになったものもあり、こちらの和名を「般若《はんにゃ》」と呼ぶのは雅な感じがします。

さらには錦と呼ばれる斑入り品種、そして時期によって紅みがさすようになった紅葉ランポー玉の美しさはもはや言葉にできません。

夏の間、すっかり緑色になってしまったと思っていると、ふたたび紅みがさして真っ赤に色づいたりもします。この紅みの入り方も株によっていろいろ、さらには碧瑠璃ランポーや四角ランポーなどと組み合わせて改良されると、四角ランポーの錦、紅葉の碧瑠璃ランポーなど、無数のバリエーションが生まれてきます。

真上から見ると、星形をしていて美しい。

品種改良までいくと素人には難しいですが、まずは現物を入手して、紅葉ランポーの色づきの美しさを堪能してもらいたいものです。

お取り寄せの仕方

通常のランポー玉なら小さなものは数百円から。錦や紅葉ランポーは大きさや色づきなどによって値段は変わるが、数千円程度。お気に入りをオークションで入手する手もあるが、熱くなりすぎないようにご注意ください。

山城愛仙園
http://www.aisenen.com/

奈良多肉植物研究会
http://www3.kcn.ne.jp/~sakainss/

育て方のポイント

基本的には、通常のサボテンと同じ。気温が低い時期の水やりは控えめにしないと、腐らせてしまうこともあるので要注意。筆者もいくつか昇天させてしまっています。

また、真夏の直射日光は、日焼けして鑑賞価値が落ちることがあるので、少し遮光した方がよい。成長を早めるために、ほかのサボテンに接いである接ぎ木苗を入手した場合は、将来的に台木の部分を無くすか、短くしてやる「接ぎおろし」の作業が必要となる場合がある。

仙人掌—夢の世界—
http://rampo.watson.jp/
（ランポー玉の専門サイト、オークションもあり）

ナミブ砂漠を生き抜く生命力

植物名：奇想天外
・ウェルウィッチア科
・多年草
別名：砂漠オモト
学名：*Welwitchia mirabilis*

「咲くやこの花館」の
現地株レプリカ。

難易度
★★★

植物園の奇想天外(右)と、ゲアイーとして売られている亜阿相界の鉢植え(左)。

一属一科一種のきわめて特殊な裸子植物で、シーラカンスにも匹敵する生きた化石とも呼べる珍しい植物が、南アフリカのナミブ砂漠に生えています。その名も「奇想天外」、一度聞いたらまず忘れることはないでしょう。発芽後、二枚の葉っぱを生涯伸ばし続け、千年以上も生きるというから、まさに奇想天外な植物なのです。

そんなに珍しい植物なら、一度実物を見てみたいという方は、国内のいくつかの植物園で栽培されているので、ぜひ出かけてみましょう。京都府立植物園には、けっこう昔から育てられていたのですが、先日種子から育てられた株が盗まれたというニュースを耳にして、なんとも悲しい気分になりました。通販でもあまり扱っていないので、育ててみたいなら、自分でタネをまいてみることになります。できるものならこの手で栽培したいと思いつつ、でも難しそうだなぁと二の足を踏んでいたのですが、学名でネット検索しているうち、とうとう種子を扱っている会社を見つけて注文してしまいました。

待つこと数週間、人の爪ほどの大きさの羽の生えた種子が二パック分、二十粒が南アフリカから届きました。タネのまき方も育て方も手探りなので、「奇想天外　実生」などとキーワードを入れて再びネットで検索し、これまたいろいろと情報を入手しました。案外、実際に育てている人もいて、インターネッ

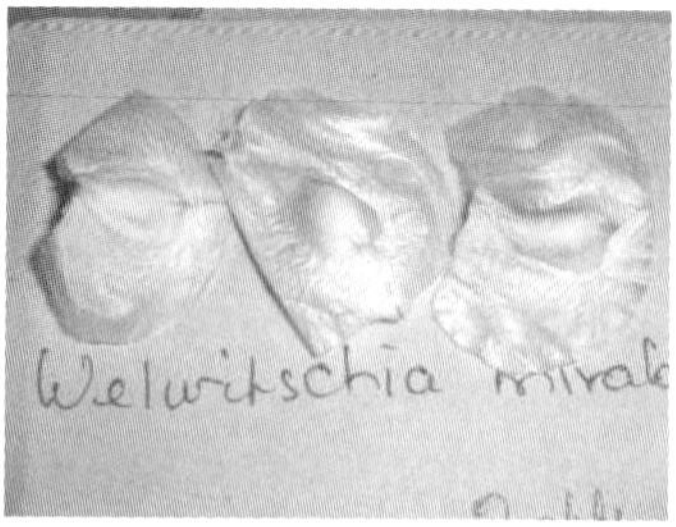

南アフリカから届いた羽のある種子（左）と、発芽したばかりの奇想天外(右)。これから千年を生き抜く。

トのすばらしさを実感した次第です。

そのまままくと発芽が悪いので、殻をむいて中の種子だけをまくとよいという情報を得ました。また、発芽には三十℃以上の高温も必要というので、なるべくそのようにして待つこと数日、なんと二十粒まいたうち五粒を発芽させることに成功しました！

一週間程度で双葉が展開し、次に生涯伸び続けるという本葉が伸び始めました。根を非常に長く伸ばし、植え替えを嫌うというので、数年はその植木鉢で育てるつもりで鉢に植えました。砂漠の植物のくせに水を好むことから、発芽後は腰水で育てています。この夏は暑かったせいか、いまのところ順調に成長を続けています。

喜望峰の位置する南アフリカは、植物の分類ではケープ植物界と呼ばれる地域にあたり、ほんの小さな地域ですが、世界のほかの地域にはない珍しい植物の宝庫と言われています。この奇想天外のほか、本書で取り上げたリトープス(30頁)やコノフィツム(82頁)といったメセン類、最近切り花で見かけるキングプロテアなども、みんな南アフリカの植物です。一度は訪れてみたいと思っていますが、そのまま帰りたくなくなってしまうのではと、いまのところまだ訪問を果たせないでいます。

このほかに変わった名前では「阿《あ》亜《あ》相《そう》界《かい》」という、これまた南アフリカ原産の植物があります。ふざけた名前と思われるかも知れませんが、阿弗利加（アフリカ）と亜細亜（アジア）の植物相の境界に生息するからという意味らしいです。学名のパキポディウム・ゲアイーという名で小さな鉢植えを売っていますが、原産地では十メートルにもなる植物です。

お取り寄せの仕方

奈良多肉植物研究会など多肉植物の通販で見かける場合がある（播種後1年くらいの小さな株が、2000〜3000円程度）。また、たまに国内でも種子が出回ることがある。原産地の南アフリカの種苗会社から種子を入手することも可能。

奈良多肉植物研究会
http://www3.kcn.ne.jp/~sakainss/

Silverhill seeds
http://www.silverhillseeds.co.za/
（1袋10粒入が＄3.5、学名の*Welwitschia*で検索）

育て方のポイント

Webシャボテン誌（サボテン教室）にタネまきからの育て方の一例が載っている。植物園ですら、手探りの栽培のようなので、あとは挑戦あるのみ。

いくつかの植物園で栽培されており、京都府立植物園のほか、大阪の咲くやこの花館では現物のほかに、原産地株のレプリカも見ることができる。

Webシャボテン誌
http://www5e.biglobe.ne.jp/~manebin/

京都府立植物園
京都市左京区下鴨半木町
tel.075-701-0141
http://www.pref.kyoto.jp/plant/

咲くやこの花館
大阪市鶴見区緑地公園2-163
tel.06-6912-0055
http://www.sakuyakonohana.com/

とちぎ花センター
栃木県下都賀郡岩舟町大字
下津原1612
tel.0282-55-5775
http://www.florence.jp/

ブリティッシュシード
カタログ
http://www.britishseed.com/

海外のカタログは眺めているだけでも楽しい。届いたタネで、さらにワクワク。

コラム2
海外からのタネの入手法

珍しい植物でも、国内の業者や愛好家の情報を探していけば、たいてい入手できますが、なかにはどうしても入手できない植物も出てきます。国内で取り扱ってないと、日本の気象条件での栽培が難しいことが多いのですが、それでもチャレンジしたい場合は、海外の種苗会社へ注文してみましょう。どうしても入手したい植物のために、たまには英語の辞書を片手に取り組んでみるのも、いいものです。

1 **輸入代理店に依頼する。**

これなら国内の業者なので、日本語でOK。国内の種苗会社との取引と大差はありません。英国種苗会社の種子を専門に扱うブリティッシュシード（この会社の取り扱う種子のカタログをまず購入し、その中から注文。在庫がない場合は、取り寄せとなる）や、オーストラリアの植物を扱うレア・プランツジャパンなどがあります。（巻末HP参照）

2 **webやFAXで海外の種苗会社に注文する。**

インターネットのおかげで、昔のように海外の種苗会社にカタログ請

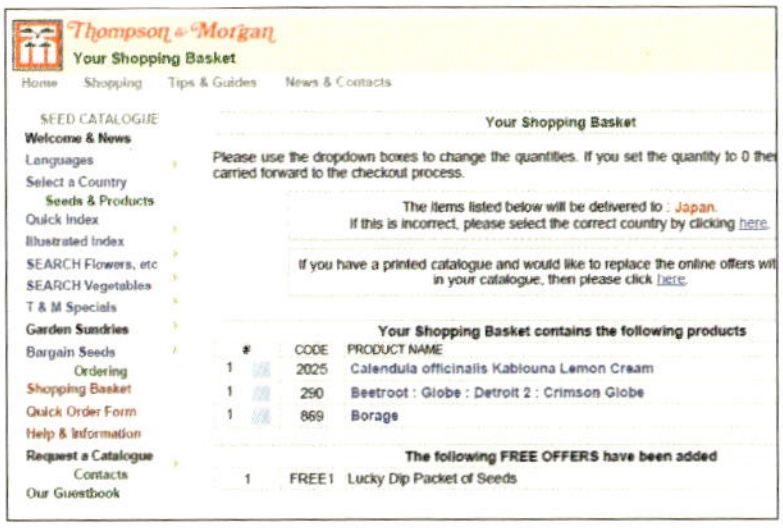

Thompson & Morgan社のwebページ。
http://www.thompson-morgan.com/
ショッピングバスケットに入れていって、最後に精算する形になっている。

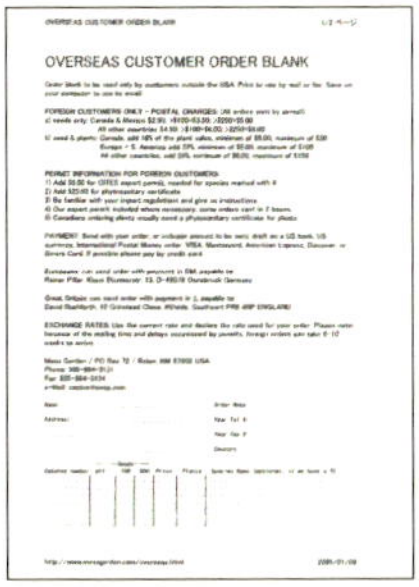

Mesa GardenのFAX注文用紙。
注意事項をよく読んで注文を書き込み、国際電話でFAX。
http://www.mesagarden.com/

求の手紙を書いて、届いたカタログを見ながら注文書を書いて、という手間と時間は大幅に少なくなりました。まずは、入手したい植物の学名などで検索して、扱っている種苗会社を探してみましょう。

たとえば、サボテンや多肉植物の種子を扱うMesaGarden や、英国のThompson & Morgan社などがあり、前者はwebページの注文書をダウンロードして必要事項を記入し、FAXで注文。後者はwebページがカート式の注文になっており、欲しい種子をカートに加え最後に精算。いずれもクレジットカードでの支払いになります。通常、二、三週間でタネが届きます。

3 海外から買って帰る。

海外旅行に出かけたときには、ぜひ園芸店などに立ち寄って珍しい植物の種子を物色しましょう。ただし、海外から植物を持ち込むには、国内に病害虫を持ち込まないためにも、基本的に植物検疫が必要です（郵送含む）。土のついた苗などは難しいですが、種子は多くの場合持ち込めます。種子を買って帰った場合は、空港で植物検疫に進んでください。簡単なチェックで、それほど時間はかからないはずです。

不明な点は、*農林水産省植物防疫所にお問い合わせください。

＊農林水産省植物防疫所 http://www.maff.go.jp/pps/

3

色変わりの異端児

タンポポやオシロイバナ、
そんなふだん見慣れた植物でも花の色が違うだけで、
何か全く違う見たこともない植物に
思わせてしまうことがあります。
不思議な色のマジック、植物のマジシャンたち。

色変わりの異端児 1

こんな色のタンポポ知ってますか

植物名：クレピス
・キク科
・一年草
別名：桃色タンポポ
学名：*Crepis rubra*

難易度
★

ふつうに見かけるタンポポの花と綿毛。綿毛もひとつひとつ拡大して見ると美しい。

タンポポといえば、日本全国どこにでも生えている野草としてよく知られています。おなじみの黄色い花を咲かせ、花のあとには綿毛のついたタネができて、見かけるとついふっと吹いて綿毛を飛ばしたくなるのは、わたしだけでしょうか。

英名はダンデライオンといいます。ライオンというからてっきり花をたてがみに見立てたのかと思ったのですが、実はダンデというのは、パスタのゆで方のアルデンテのデンテと同じ「歯」という意味。ダンデライオンは「ライオンの歯」という意味らしく、どうやらギザギザの葉っぱから「ライオンの歯」を連想したようです。

タンポポにもいろいろあって、日本に昔から生えている在来種は、エゾノタンポポ、カントウタンポポ、シナノタンポポ、トウカイタンポポ、カンサイタンポポ……という具合に、地域によって少しずつ違ったタンポポがあります。多くのタンポポは黄色い花を咲かせてくれますが、四国や九州の一部地域ではその名の通り白い花を咲かせるシロバナタンポポが自生しています。

また、最近よく見かけるようになった帰化植物の西洋タンポポ（花びらの下の緑の外片が反り返るので、在来のものとすぐに区別できる）は、タネの重さも軽くてよく飛ぶらしく、日本の在来のタンポポを駆逐する勢いで広がって、日本中で黄色

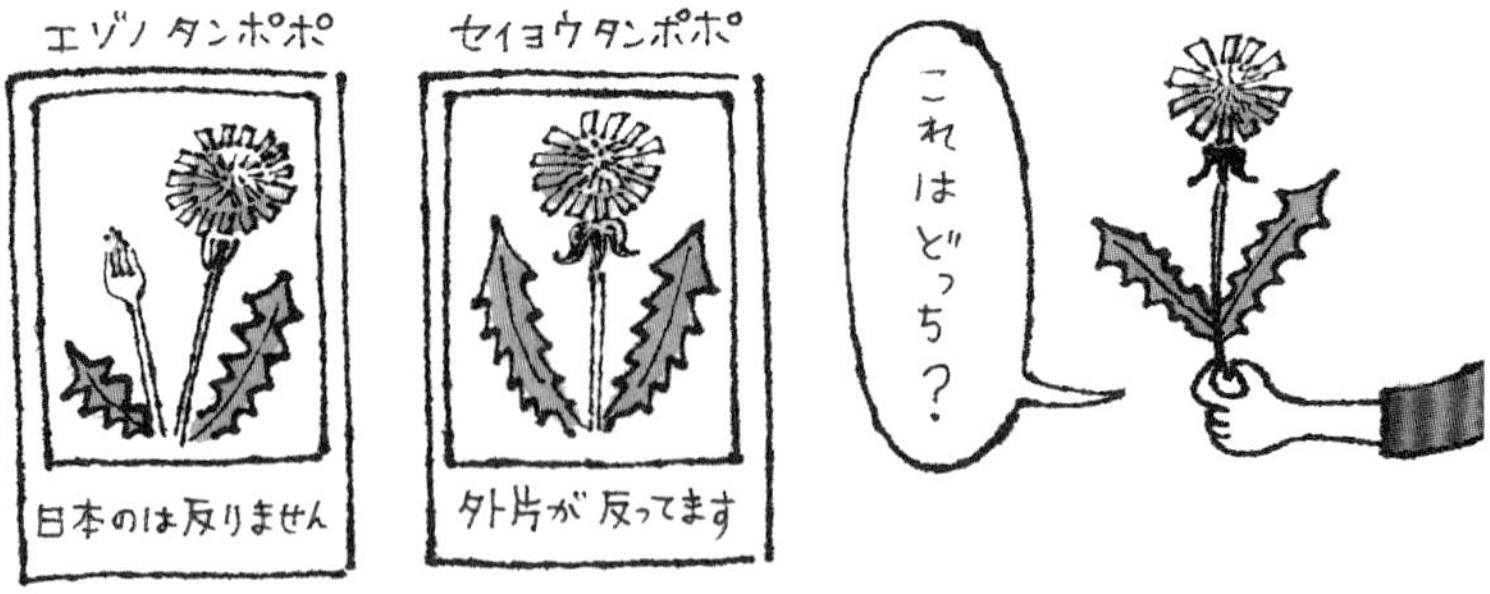

い花を咲かせています。

それでは、黄色と白色の花しか無いのかというと、かつては赤花や青（緑？）花もあったという記録が残っています。というのも、タンポポはいまでは野草ですが、江戸時代には園芸品種として朝顔や菊などと同じように鉢植えで鑑賞されていた時代があったのです。『本草図譜』（一八二八年）という本には、「赤花」「黒花」「青花」のタンポポや、真ん中にも花びらがある手毬咲きのタンポポが描き残されています。こうした変わったタンポポは高値を呼び、明治のはじめには一鉢数百円（当時の日給の数千倍）もしたようですが、やがてブームも去り、変わり咲き朝顔のように種子が残されることもなく、タンポポの園芸品種は絶えてしまいました。いま、もしそんなタンポポがあれば、けっこう高値で取引されるかも知れません。

さてここで紹介するのは、赤でも青でも黄色でもない、ピンク色をしたタンポポです。サカタのタネのカタログに載っているのを見つけたときに、すぐに欲しくなって、さっそく注文書に記入していました。

南イタリアからバルカン半島にかけて自生しているタンポポの仲間で、学名をそのまま読んでクレピスといいます。葉っぱなどはふつうのタンポポにそっくりですが、タンポポとは種が違うので、草丈がタンポポより高く、枝分かれして花をつけたりと、よく見れば少し違ってちょっと洋風な感じを受けます。和名は桃色タンポポとも呼ばれますが、なかには白色の花を咲かせる種類もあります。ピンク色の方はクレピス・ルブラといい、タンポポとその仲間はほとんどが黄色い花を咲かせるので、特に人目を引きます。花壇の端にでも植えて、つい人に自慢してみたくなるものです。

お取り寄せの仕方

学名の「クレピス」あるいは「桃色タンポポ」という名前で種子が販売されている。クレピスにはピンク色と白色の2種類があるので注意。サカタのタネで、1袋210円。

サカタのタネ
http://www.sakataseed.co.jp

育て方のポイント

野草に近いので、秋にタネをまいて芽が出れば、あとは特に手間をかけることもなく、成長して花をつけてくれる。こぼれ種から、また翌年に花を咲かせてくれるくらい丈夫。

カラフルな色合いのオシロイバナ

植物名：オシロイバナ
・オシロイバナ科
・一年草（暖地では多年草となる）
別名：夕化粧
学名：*Mirabilis jalapa*

難易度
★

オシロイバナのタネ。中の胚乳がおしろいのようになる（右）。よく見られる赤紫色のオシロイバナ（左）。

一昔前には、庭先や学校の花壇など、けっこうあちこちにオシロイバナが生えていたように思います。こぼれ種が芽を出して毎年生えてきたのですが、最近はあまり見かけなくなってしまいました。

タネをつぶすと、中身がおしろいの粉のようになることから、その名前がついたようですが、男の子はおしろいとはあまり縁がありません。しかし、わたしにとっては、けっこう思い出深い植物の一つなのです。

小学生の頃でしょうか、いまはロンドン在住のエッセイストである入江敦彦*とともに、オシロイバナの花を摘んで回っておりました。というのも、オシロイバナの花の元の部分には蜜腺があって、吸うとほのかに甘く、その蜜を求めて花を摘んで回っていたのです。

蜜を吸うだけでなく、花を分解して花びらを除き、雌しべの先を持つとタネとなる丸い部分に蜜が少し付くので、それで蟻を釣って遊んだものです。ただ、あまり蟻が釣れたような覚えがないところをみると、記憶にあるほど甘い蜜ではなかったのかも知れません。

オシロイバナの英名は、フォー・オ・クロック（四時花）といい、その名の通り夕方から咲きはじめる花です。その蜜を求めてやってくるのは、夜行性のスズメガのような蛾ですから、どうやら蛾の吸う蜜を横取りして回っていた子ど

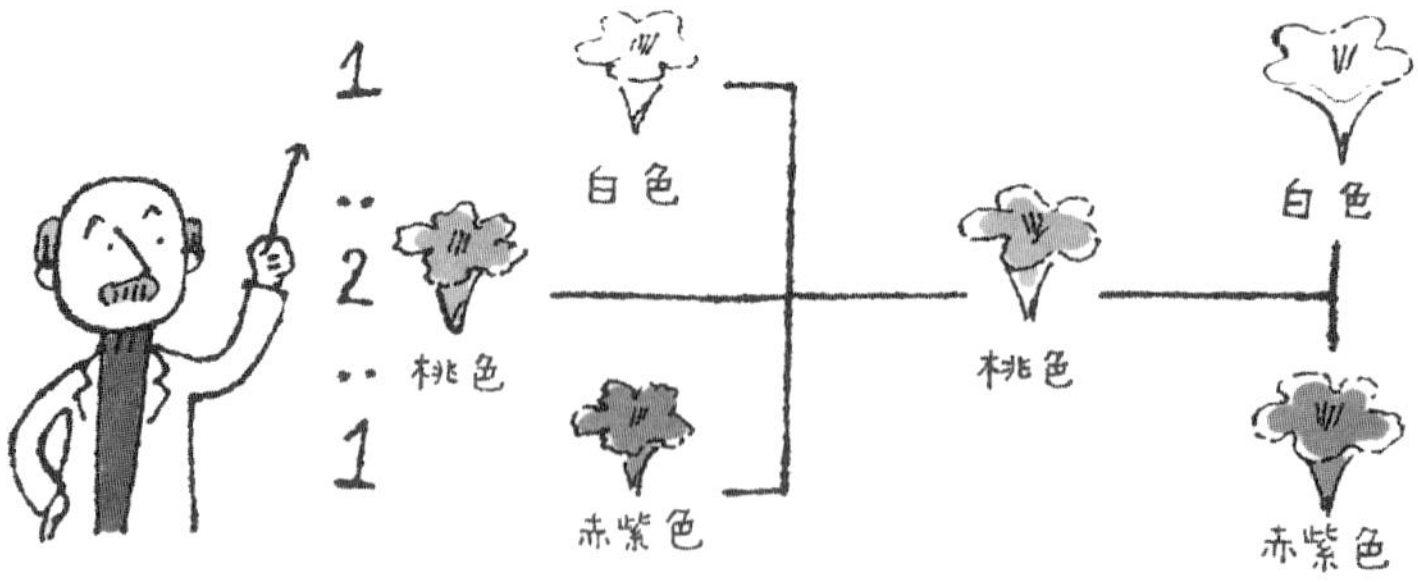

もだったようです。そして、オシロイバナは一日花で、夕方に咲いて朝にはしぼんでしまうのです。

さて、そんなオシロイバナですが、よく見かけるのは赤紫色の花を咲かせる種類です。

このほかにも白花の種類があって、この両者を掛け合わせたときに、その子どもの花の色は、赤でも白でもなく、中間の桃色の花になるという不完全優性の遺伝をすることがわかっています。ですから、桃色のオシロイバナから採れたタネをまくと、桃色のほかに赤や白の花を咲かせる株が出てくるという、ちょっと不思議なことがおこります。

このほかに、黄色い花のオシロイバナもあります。さらには、一株の中に一色だけではなく、赤、白、黄色が入り交じって、いろいろな色の花を咲かせてくれるトリカラー（三色咲き）と呼ばれる品種もあります。それも、花によって三色の絞りのような花が咲いたかと思えば、黄色一色だけの花が咲いたりと、一株のオシロイバナのくせに、千変万化の花を咲かせてくれるところがうれしいです。

ぜひとも、トリカラーのオシロイバナを手に入れて、夕涼みに鑑賞会をやって見ましょう。もちろん、観賞会の後には花の蜜を吸うというのが、ぜいたくな楽しみなのであります。

＊入江敦彦：著書に『京都人だけが知っている』（洋泉社）、『京都人だけが食べている』（ＷＡＶＥ出版）、『イケズの構造』（新潮社）などがある。

お取り寄せの仕方

本文中にも書いたように、オシロイバナにもいろいろあり、よく見かけるのは赤紫色の花を咲かせるもの。トリカラーを咲かせるなら、園芸店で販売している種子袋や、通販のカタログで三色咲きの写真が載っている種類を確認して購入すること。1袋200円程度。

サカタのタネ
http://www.sakataseed.co.jp

育て方のポイント

病害虫にも強く、こぼれ種から育つほど丈夫。熱帯アメリカが原産で、現地では宿根草らしいが、日本の場合は八重桜が散ってからまく。日当たりのよい肥沃な土地が望ましいが、特に土地を選ばない。

こぼれ種でもよく増えるが、花の色は遺伝するので、三色咲きの花が咲いたなら、その株からタネを採ってまた翌年にまくとよい。

秘境ヒマラヤに生える
幻の青いケシ

植物名：メコノプシス
・ケシ科
・一年草（多年草）
別名：ヒマラヤの青いケシ
学名：*Meconopsis grandis*
Meconopsis betonici foria

「咲くやこの花館」の
メコノプシス

難易度
★★★

関東以西で雑草としてはびこるオレンジ色の「ナガミヒナゲシ」（左）。同じメコノプシスでも、青色のほかに白色（右）や黄色もある。

十数年前に大阪で「国際花と緑の博覧会」が開催されたときに、「秘境ヒマラヤの幻の青いケシ」という希少価値のうたい文句をつけて、展示品の目玉として大きく取り上げられたのが、右の写真のケシでした。幻の青いケシが一目見たくて、混雑している花博に足を運びました。

細かな毛に覆われたつぼみから、薄い紙細工のような澄んだ水色の花びらが咲くさまは、ヒマラヤの幻想的な風景が思い描かれるくらい美しいものです。博覧会が終わった後も、会場は鶴見緑地としてそのまま残りました。温室の「咲くやこの花館」は、この「ヒマラヤの青いケシ」を年中見ることができる温室として、現在も営業しています。

原産地は、中国西部からヒマラヤにかけての標高三千～五千八百メートルという高山地帯です。遠くに八千メートル級の山々が聳《そび》えるなか、このメコノプシスの仲間はヒマラヤの短い夏の間に、幻想的なお花畑をつくり出してくれるのです。しかも、この時期は現地では雨期に当たるため、なかなかその姿を見ることができず、それが幻と言われる所以でもあります。そのような環境で育った植物ですから、メコノプシスを日本で育てるというのは、並大抵のことではありません。

最近は、国内でも苗を販売しているようですが、十年くらい前は海外の種苗

幻の青いケシが年中見られる「咲くやこの花館」。

会社からタネを入手するぐらいしか、実物を手にする方法がありませんでした。それでも、カタログを見ているうちに欲しくなって、とりあえず種子は確保しました。「ケシ粒のように小さい」という言葉の通り、ケシのタネはまいているうちに鼻息で飛んでいってしまいそうなくらい小さなものです。そもそも小さなタネは、それだけでも発芽の時が難しいのですが、この青いケシはさらに高温が大嫌い、おまけに低温では成長も遅く、発芽はしたもののすぐに枯れて見事に失敗しました。

その点、「咲くやこの花館」は花博のときからこのメコノプシスの花が見られるということを売り物にしただけあって、休眠株を保存して室温と光を調節し、一年中幻想的な姿を見せてくれます。メコノプシスの咲く温室は、夏でも寒いくらいの温度設定がなされていて、この青いケシのほかにも、ほのかに黄色や白い花をつける種類も咲いてます。また、メコノプシスだけでなく、ほかにもいろいろと変わった植物を見ることができ、植物園の温室の中でもすばらしい施設ですので、是非一度青いケシに会いに行ってみることをお勧めします。

また、青くないふつうのヒナゲシも、紙細工のような花びらは魅力的です。ナガミヒナゲシという中央ヨーロッパ原産のヒナゲシは、関東以西では雑草として広がり、あちこちで春先にオレンジ色の花を見せてくれます。

同じケシの仲間で、麻薬が採れる種類の中にも美しいものがたくさんあるのですが、日本で栽培すると犯罪行為になるので、残念ながら一般にはその花を見ることはできません。

お取り寄せの仕方

大手種苗会社の通販カタログや、ホームセンターで、「幻のヒマラヤの青いケシ」として、メコノプシス・グランディスや、メコノプシス・ベトニキフォリアの開花見込み株が売られていることがある。数年前は1株一万円近かったが、最近では安定して生産できるようになったのか1株1500円〜3000円で販売されている。

タキイ種苗
http://www.takii.co.jp/

育て方のポイント

夏でも20℃を超えない程度の気温を求める高山植物なので、冷房の入る温室でもないと暖地での夏越しは難しい。買い求めても、気温が高くなると枯れてしまうため、一年草と思ってあきらめた方がよい。また、気温が高いせいかよくわからないが、売られているメコノプシスを咲かせてみると、赤みがさして青紫のような色になり少しがっかりしたことがある。「咲くやこの花館」では、すばらしい水色を見せてくれるので、栽培はあきらめて見に行くのが無難かも知れない。

咲くやこの花館
大阪市鶴見区緑地公園2-163
tel.06-6912-0055
http://www.sakuyakonohana.com/

コラム3

バラいろいろ

本書では、青バラについて（106頁）とりあげましたが、バラも様々な色の品種があります。バラはおそらく人類にもっとも愛され、身近にあり、なおかつ手を加えられた植物でしょう。世界中の野生のバラが交配に使われ、何百年も品種改良されてきた結晶が、現在よくみられる四季咲きの大きな花をつける香りのいいバラなのです。

参考文献：バラの誕生（中公新書）

茨城県フラワーパークにて撮影

桜貝　Sakuragai
四季咲中輪系、京成バラ園芸（日本）作出、1996年発表。淡い美しいピンクの花を咲かせる。棘は少なめ。

ファルツァー　ゴールド　**Pfalzer Gold**
四季咲大輪系、タンタウ社（ドイツ）作出、1981年発表。純黄色で色あせが少なく、花つき花もちがよい。

黒真珠　Kuroshinju
四季咲大輪系、京成バラ園芸（日本）作出、1988年発表。かなり黒く見えて、ビロードのような光沢が美しい。

正雪　Masayuki
四季咲大輪系、京成バラ園芸（日本）作出、1992年発表。花径が20cmを超えることもある巨大輪の品種で、株は強健。

錦　Nishiki
四季咲中輪系、京成バラ園芸（日本）作出、2000年発表。鮮やかな黄色から、次第に緋に染まってゆく色変わり品種。

レインボーワリアー　Rainbow warrior
アメリカで作出、1997年発表。かすり状にはいる赤い花模様が美しい品種。

ザンブラ'93　Zambra'93
四季咲中輪系、メイアン社（フランス）作出、1994年発表。花付きがよく、病気に強い。「ザンブラ」とはジプシーの祭りのこと。

チンチン　Tchin Tchin
四季咲中輪系、メイアン社（フランス）作出、1978年発表。花もちがよく、株はコンパクト。品種名は、フランス語で「乾杯」の意。

アシュラム　Ashram
四季咲大輪系、タンタウ社（ドイツ）作出、1998年発表。最近人気のあるシックな茶系の色合いの花を咲かせる。

★京成バラ園芸　http://www.keiseirose.co.jp/　バラ図鑑、バラの通販もあります。

4

食べられます

八百屋では入手困難な野菜を、
わが家の庭やベランダで栽培し、
自ら収穫して食卓にのせていただく。
こんな贅沢がほかにあるでしょうか。
手塩をかけて育てただけに、おいしさも格別です。

幾何学模様のカリフラワーは美味い！

植物名：カリフラワー“ロマネスコ”
・アブラナ科
・一年草
別名：珊瑚礁カリフラワー
学名：*Brassica oleacea var. botrytis*

難易度
★★

タキイ種苗から発売されているオレンジ色のカリフラワー「オレンジブーケ」と紫色のカリフラワー「バイオレットクイン」。バイオレットクインの方は、茹でると緑色になってブロッコリーのようです。

カリフラワー・ロマネスコ、別名珊瑚礁カリフラワーとも呼ばれているようですが、珊瑚礁というより見た目は緑色のサザエがいっぱいという感じで、幾何学的な螺旋模様が繰り返されるフラクタルな美しい形をしています。おいしいかどうかということよりは、その造形にすっかり魅せられてしまい、ぜひ作って食べてやろうとタネを取り寄せたのは数年前のことです。

少々手間はかかりますが、苗は売っていないので仕方ありません。八月頃にタネまきし、九月には畑に定植、多少勝手が違うのは株が大きくなることと、晩生のため花蕾を収穫できるのが三月頃になる点ぐらいで、ふつうのカリフラワーと栽培面で大差はありません。

英国の知人からも、あのカリフラワーは美味いと聞かされていて、わくわくしながら美しい花蕾を収穫しました。茹でてみると黄緑色をしていて、ブロッコリーとカリフラワーの合いの子のようにも見え、期待通りにとても美味いものでした。ブロッコリー嫌いの子どもも、このロマネスコなら不思議と食べてくれました。

後日、冬のドイツを訪れた際に、このロマネスコとふつうのカリフラワーとブロッコリーを茹でただけの三色温野菜サラダを注文したのですが、これもまた美味しかったこと。海外のカタログには生食も可と書いてあったので、一度

杖キャベツのタネ袋（右）と、大きく育って巨大な菜の花を咲かせたところ（左）。

試したことがありますが、生のキャベツの芯をかじっているようで、やはり茹でて食べるのが一番のようです。

このほか、タキイ種苗からは、形はふつうのカリフラワーと同じですが、オレンジ色や紫色の花蕾をつける「オレンジブーケ」「バイオレットクイン」という品種が発売されています。このような、ふつうではちょっと手に入らない野菜を作ってみるのは家庭菜園ならではです。紫色をしたバイオレットクインの方は、茹でると緑に色が変わるので、子どもといっしょに料理を作ってみると驚きもありおもしろいです。

また、英国のThompson & Morganのカタログを眺めていて、Walking Stick Cabbageなるものも見つけました。なんだこれは!?　と思って調べてみると、どうやら、青汁用の葉っぱが巻かないキャベツの仲間（ケール）のようなのですが、茎がどんどん伸びて人の背を超えるほどになり、最後はその茎を乾かしてなんと杖になるというのです。そんなキャベツがあるなら、やはりこれも取り寄せて作ってみなければ気がすみません。

実際に育ててみると、本当にぐんぐんと背が伸びて、支えてやらないと倒れそうなくらいに大きく成長しました。さらに、春になると人の背を超えるまでに伸びて花を咲かせ、巨大な菜の花のような様相となりました。あの花は何だろうと近所でも評判になり、それだけでも十分に作った甲斐がありました。

　成長した茎は下の方から木質化していき、確かに杖になりそうです。花のあと、のこぎりで切り倒してベランダに干しておくと、軽くて丈夫な茎になりました。まだ杖にはせず、記念に残してあります。

お取り寄せの仕方

　ロマネスコは国内では「みなれっと」の名前で販売され、野口のタネなどで販売されている。

　オレンジブーケ、バイオレットクインは、タキイ種苗から発売されている。1袋500円程度。ホームセンターで、苗が出回ることもある（1株150〜200円程度）。

　杖キャベツのほか外国の野菜にも手を出してみようという方は、Thompson & Morganも見てみるとよい。

野口のタネ
http://noguchiseed.com/

タキイ種苗
http://www.takii.co.jp/

Thompson & Morgan
http://www.thompson-morgan.com/

育て方のポイント

　ロマネスコは、ふつうのカリフラワーより大株になり晩生。オレンジブーケやバイオレットクインは、ふつうのカリフラワーと同じように作ることができる。

　杖キャベツは夏の終わりにまくと、ふつうは春に菜の花のような花を咲かせてしまうが、なかには花をつけずに夏を越す株があり、もう1年成長させて3年越しになれば、相当長い杖が作れる。

　いずれも、アオムシがよくつくのでこまめに退治が必要。巨大になる杖キャベツ以外は、大きめの野菜用プランターを使ってベランダでも栽培できる。

どこを食べるのか
巨大アザミ

植物名：アーティチョーク
・キク科
・多年草
別名：朝鮮アザミ
学名：*Cynara scolymus*

カルドン。筑波実験
植物園にて撮影。

難易度
★★

ロンドンの市場で売られていた山盛りのアーティチョーク。

イタリアやフランスでは、市場で山積みになっているのを目にする野菜ですが、日本ではあまりお目にかかることがありません。どちらかというと、巨大なアザミの切り花として、花屋さんで見かける機会の方が多いでしょう。

とにかく大きな花を咲かせます。もともとカルドンという大きなアザミを、さらに大きくなるように改良を進めた結果です。

直径十五センチはあるつぼみの中から、蛍光紫の色をした雄しべが姿を見せて花が咲き始めるのは、なかなか見応えがあります。食用にする場合には、この花が咲く前の蕾の状態のものを使います。シンプルに蒸すか茹でるかして食べる場合が多いようです。

さて、このとげとげしたつぼみのどこを食べるのかと申しますと、まずトゲのついたがくを一枚ずつはずして、その根元に少しだけある肉質な部分を、ドレッシングにつけてしごくようにして食べるのです。がくの部分を全部取り除いてしまうと、雄しべになる部分が出てきます。しかし、その部分はイガイガしていて食べられないので取り除いてやります。すると、いよいよ花の根元の部分が現れます。

この部分が「アーティチョークハート」と呼ばれ、アーティチョークを食べるときの醍醐味、まさにこの部分を食べるために、ここまでちまちまとがくの

部分を食べてきたのだというほど、美味しいのだそうです。ゆり根のようでもあり、独特の香りと苦みがあるといいます。

花が咲くときれいなので、あまり食べようとは思っていなかったのですが、一度は挑戦してみようと思い立ち、握りこぶし大くらいのつぼみを茹でてみました。どう食べるのかいまひとつわからないまま、教えてもらったように、がくを一つずつはずして根元を歯でしごいて食べてみました。アーティチョークハートも口にしましたが、はっきり言ってあまりおいしくありませんでした。

南ヨーロッパでは大量に消費されているので、本来はとても美味しいものなのでしょう。フランス人やイタリア人とわたしの味覚が違っていたのか、うちのアーティチョークがことさら不味かったのかはわかりません。ほかにも、煮物、炒め物、スープなどにも使えるらしいのですが、どうも自分で料理するより、フランス料理店に食べにいくのがよさそうです。

株が大きいだけに、植えているとけっこう目立ちます。また、アザミなので大きな葉っぱにもトゲがあり、場所を考えて植えてやらないと、やたらに大きくなったときには困ってしまいます。

以前、近くに住んでいたフランス人の方が、このアーティチョークの大きな花が咲いているのを見て、とても懐かしいと言っていました。もしかしたら、その方は美味しそうと唾を飲み込みながら、うちの前を通り過ぎていたのかも知れません。

お取り寄せの仕方

大手種苗会社で苗を扱っている（一株300〜600円程度）。種子からまくと、花が咲くまで2、3年かかるので、苗を植え付けるのが簡単。

タキイ種苗
http://www.takii.co.jp/

育て方のポイント

一度植えて大きくなってしまうと、植え替えが難しいので注意。大きくなると株は2m近くにもなり、トゲもあるので植え付け場所はよく考えた方がよい。乾きすぎも湿りすぎも嫌うので、よく肥えた畑で肥料たっぷりに育てましょう。冬場は、株元に腐葉土などをかけて、少し防寒が必要。

在来種の
ぜいたくな恵み

植物名：もちトウモロコシ
・イネ科
・一年草
別名：ワキシーコーン
学名：*Zea mays*

難易度
★

京都でもあまり見かけない鹿ヶ谷カボチャ（右）、煮物にするととろけるほどに美味しい「みやま小かぶ」（左）。

子どもの頃、田舎の祖母の家に遊びに行くと、裏の畑からもぎたてのトウモロコシを蒸して食べさせてくれたり、とれたこだまスイカが井戸水で冷やしてあったりして、どれもとても美味しかった記憶があります。当時のことですから、いま市場に出回っている白と黄色のバイカラーのトウモロコシのように甘くもなかったし、柔らかくもなかったはずなのに、それはとても美味しかったのです。蒸したトウモロコシの粒は、指でひとつひとつはずせるくらいに硬く、はずした粒を口に入れて噛んでいるとだんだん甘みが出てくる、そんなトウモロコシでした。

昔ながらのトウモロコシの記憶を思い出させてくれたのが、この紫というか黒い粒のもちトウモロコシです。トウモロコシにも、お米と同じように「もち」と「うるち」があって、このもちトウモロコシは粒は硬いけれども、噛むともちっとしていて、噛んでいるうちにやはり甘くなってきます。スイートコーンなんて無かった時代から、タイムスリップしてきた贅沢なおやつのようです。

紫色をしているというのは、昔の人がもちであることがわかりやすいように、色のついたものを選んだのだとも聞きます。たしかに、お米でももち米の稲は芒《のぎ》（堅い毛の部分）に色がついていたり、中国には紫のもち米もあります。また、大麦にももち麦と呼ばれる種類があって、やはり紫色をしていることが多いの

もちトウモロコシの雄花（左）と雌花（右）。雌花が成長して実となる。

です。

このように昔から作り続けられている作物や野菜は在来種と呼ばれ、最近の品種に比べると、病気に弱かったり、作りにくかったり、そろいが悪かったりすることがあるかも知れません。しかし、それらの在来種は、このもちトウモロコシのように昔の味を思い出させてくれたり、赤い軸をした甘いホウレンソウであったり、とろけるほどに柔らかなカブであったり、しゃきしゃきとした歯触りのいぼのいっぱいあるキュウリだったり、京都特有の鹿ヶ谷カボチャだったりと、特別の味覚をもたらしてくれます。先に取り上げた、カリフラワー・ロマネスコ（66頁）も在来種だということです。

以前、福岡に住んでいたとき、子どもの頃に京都で食べていたような丸ナスが食べたくなり（当時福岡で売っていたのは長いナスばかり）、タネをまいてつくってみたのですが、鈴虫の餌になるくらいの小さな実しか成りませんでした。そのとき、いっしょに桜島ダイコンもつくってみたら、こちらはけっこう大きいのがとれて（残念ながらあまり美味しくなかった）、それぞれの地域に適した野菜があるものだと感じたのでした。いろいろとトライしてみるのもおもしろいものです。

八百屋では売っていない、自分専用の作物や野菜を作って食べるのは、これこそとっておきの贅沢だと思います。家庭菜園ならではの、自分で育てた自分だけの野菜たち。それが、収穫後に舌まで楽しませてくれるというのですから、一石二鳥どころか、一石三鳥か四鳥ぐらいのお得な感じです。

お取り寄せの仕方

在来種の野菜などは、野口のタネから入手できる。もちトウモロコシも、紫色のものと、白色のものがある。野菜では、「みやま小かぶ」がおすすめ。煮ると軟らかくて、とても美味い。いずれも1袋300円。

野口のタネ
http://noguchiseed.com/

育て方のポイント

特に在来種だからということはなく、ふつうの野菜作りに準じます。タネまきは5月～6月頃。ただし、トウモロコシは他家受粉*なので、近くにスイートコーンなど別の品種が植わっていたりすると、自然交配して混じってしまい、味が変わってしまうこともある。

自家採種したい方は、『岩崎さんちの種採り家庭菜園』（家の光協会）を参照のこと。

＊他家受粉……別の株の花粉が雌しべについたときに受精できること。

そうめんかぼちゃ（金糸瓜）

これはびっくり。ちょっと食べてみたいのが、夏の味覚そうめんかぼちゃです。俵型のクリーム色をした小さなかぼちゃ。ほとんど市場に出回らないので、自分で作って収穫してこそ食べられる味。栽培は比較的簡単です。タネは、一袋200円程度で売っています。

❶そうめんかぼちゃを3cm幅くらいの輪切りにし、中のタネとわたを取り出す。

❷かぼちゃを皮付きのまま、沸騰したお湯に入れ10分ほど茹でる。

❸割り箸が刺さるぐらいに茹だったらあげて、水で冷やす。

❹水の中で中身をかき出すようにすると、あら不思議そうめんのようにほぐれる。

❺すすいで水気をよく切り、さっと焼いた油揚げの細切りを添えて、三杯酢でいただく。

エディブルフラワー

あまりにおいしいので嫁に食わすのはもってのほか、というのは本当かどうかわかりませんが、「もってのほか」という名前の食用菊の品種があります。軽く茹でて、酢の物などにして食べるようですが、ほかにも食べられる花はたくさんあります。ただし、下記に紹介した植物以外には毒のある花もあるので、何でもエディブルフラワーにできるというわけではありません。食中毒にはご注意を。

「食用の花と調理の方法」（財）農産業振興奨励会
「エディブルフラワー」小松美枝子著（誠文堂新光社）

ナスタチューム（キンレンカ）のサラダ

ヨーロッパでよく食べられているナスタチュームは、ぴりっと辛みがあり、花も蕾も葉っぱも食べられます。レタスやキューリのサラダに、ナスタチュームで彩りと辛みを添えて、フレンチドレッシングでお召し上がりください。

ジャーマンカモミールのゼリー

カモミールは身体があたたまり消化に良いハーブティーとして有名ですが、庭に植えた株から生花が手に入ったら、市販のゼリーの素を使って、固まる前に花を入れ、その姿と香りを封じ込めて楽しんでみましょう。できあがったら、ゼリーの回りにも花を添えて、食べるのがもったいなくなるかも……。

お花のいろいろ料理

ナスタチュームやカモミール以外にも、バラ、ラベンダー、カーネーション、キンギョソウ、キンセンカ、コスモス、スイートピー、タンポポ、パンジー、ビオラ、ヒマワリ、ペチュニア、ナデシコ、ベゴニア……などなど、いろいろな花が食べられます。アイデア次第で、お皿に盛られた花は料理の引き立て役になってくれるでしょう。

5

偏愛的植物

手にとってじっくりと眺めて、水をやって、
肥料もやって、花が咲けばもちろん写真にも収めて……
この植物たちと過ごしていると、
時の経つのも忘れてしまいそうう。
そんな愛すべき植物の友人たちをご紹介します。

脱皮する
不思議な植物

植物名：コノフィツム
・ハマミズナ科
・多年草
別名：女仙（メセン）
学名：*Conophytum* sp.

難易度
★★

タネから育てるのは難しさもありますが、ホントに小さな植物が年を追うごとに生長していくのは育てがいがあり、愛着もわきます。発芽したばかりのコノフィツム（右）。夏の間は茶色い古皮につつまれて休眠し、秋の気配を感じて新球が生長をはじめ、花を咲かせる（左）。

小さい頃からへんてこりんな動植物が好きで、シーモンキーはもちろん、ダンゴムシまで飼ったことがあります。このコノフィツムは植物のくせに脱皮をするし、緑色をしてぷりぷりとかわいくて、変なもの好きの子供心を間違いなくとらえたのでした。

30頁のリトープスに近い仲間で、南アフリカ原産の多肉植物です。リトープスよりはっきりと休眠があって、夏場は旧皮をかぶって枯れたようになります。それが、秋には脱皮して中からみずみずしい新球が姿を見せ、だいたい前年の一球が二球へと倍々によく増えてくれるので、リトープスより初心者向けかも知れません。しかし、リトープスの項にも書いたように、昔はうまく育てることができず、しばらくご無沙汰していました。それが、数年前にふたたび出会う機会があり、大人になったいまではそれほどお小遣いを気にすることなく、着実にコレクションが増えつつあります。

その形から、足袋《たび》型、鞍《くら》型、丸型に分類されており、花も昼咲きと夜咲きがあって、夜咲きの中には、いい香りを放つものがあります。足袋型は比較的大型でカニの爪のようにも見え、鞍型は緑のハートマークに見えなくもありません。鞍型や丸形には、表面に模様が入る種類もあります。昼咲きでは、赤や黄色、桃色、紫など、夜咲きでは主にクリーム色の花が咲きます。その姿は可憐

小さな足袋型（5mmくらい）の品種・ルックホフィー、肌の模様もおもしろい（右）。夜咲きの鞍型品種・風琴、クリーム色の花を咲かせる（中）。代表的な足袋型品種・花園、丈夫でよく増える（左）。

でリトープスなども含めたMesembsという亜科の学名を音訳して「女仙《メセン》」とはよく考えたものだと感心します。

気候的に夏は涼しいところがよく、メセンのメッカとして長野に栽培業者が多いことで知られています。そのひとつ、錦園が二〇〇三年にとうとう七十年の歴史に幕を下ろしました。園主高齢のためと聞いていますが、熱心に品種改良もされていてオリジナル品種がたくさんあり、なかでも花びらが渦を巻く品種は世界的にも有名です。通販カタログには「世界に誇る美しき新品種の作出を夢に描き命ある限り女仙と共に」とあり、敬意を表したくなります。

たまたま閉園直前に注文していたものがあり、注文品が届いた直後に閉園を知って、ちょっと感無量でした。買ったのは、薄紫に芯の白い足袋型の「花笠美人」、花びらが渦巻く「舞踏会」など六品種。また、錦園のカタログは、解説の文句がすばらしく、たとえば「雲上の白夜」という品種は、「若緑肌キール赤く切れ込み深い大型黄金色に赤みを重ねる美花。ウィンザー城に沈む赤い夕日を追って、ヒースロー空港を離陸、夜を知らない北欧の雲上は黄金波打つ雲海の世界、果てしなく続く、思い出の出会い」と紹介されており、入手困難となったいま、どんな美しい花が咲いたのだろうと思いを馳せてしまいます。

ちょっと上級者向けではありますが、タネまきもできます。秋に、熱湯で殺菌した砂にタネをまくのですが、タネは非常に細かくはじめは気を使います。やがて、針の先ほどの緑が発芽し、次第にマッチ棒の頭ぐらいに成長して年を越し、無事夏の暑さも乗り越えて（蒸し暑い夏が苦手なので、この時期に昇天してしまうことが多いのです）、脱皮して大きくなっていく姿を見ていると、なんとも愛着がわいてくるものです。

うちのコレクション。

お取り寄せの仕方

Webシャボテン誌には、初心者セットの販売がある。普及品は2頭株で数百円程度から。休眠から覚めて、花を咲かせ成長をはじめる秋が通販の適期。また、タネの入手は、山城愛仙園やMesaGardenからできる。

Webシャボテン誌
http://www5e.biglobe.ne.jp/~manebin/

山城愛仙園
http://www.aisenen.com/

奈良多肉植物研究会
http://www3.kcn.ne.jp/~sakainss/

MesaGarden（英語サイト）
http://www.mesagarden.com/

育て方のポイント

日当たりが好きでリトープスに準じる。栽培法は「コノフィツムの世界へようこそ」に詳しい。また、タネまきでは、「メセン実生試行錯誤記」に詳しい観察日記がある。

コノフィツムの世界へようこそ
http://www.geocities.jp/mesembryanthema/

メセン実生試行錯誤記
http://members2.jcom.home.ne.jp/mesembs/

サボテンは
双子葉植物

植物名：金鯱、ドラゴンフルーツ
・サボテン科
・多年草
別名：ピタヤ、三角柱（いずれもドラゴンフルーツ）
学名：*Echinocactus grusonii*（金鯱）
Hylocereus undatus（ドラゴンフルーツ）

難易度
★★

ドラゴンフルーツの中にあるゴマ粒のようなタネをまいてみると、双葉の間からはトゲが伸びてきて、やがて小さな柱サボテンに成長していきます。

親指ぐらいの大きさのプチサボテンが、ホームセンターなどで売られていて、けっこう人気のようです。最近よく見かけるのは、小さなプラ鉢などに植えて、カラー砂で固めてしまって売っているプチサボです。売る方は扱いやすいのでしょうが、あんなふうに固めてあるものは根の成長にもよくないし、そのままで長期間育てるのは困難です。春先の成長がはじまる頃に固めてある砂を取り除いて、サボテン用の用土で植え替えて、解放してやりましょう。新天地の植木鉢に解放された我が家のプチサボは、五年でさらに二度ほど植え替えを経験し、指先ぐらいの大きさしかなかったのに、いまでは高さ二十センチくらいの立派なサボ青年に成長しています。

このようなプチサボテンは、タネをまいて育てられたものですが、どうせなら自分でタネまきしてしまうという手があります。どんな植物もそうでしょうが、タネから育ててみるととても愛着がわいてきます。タネまきについては、拙著『捨てるな、うまいタネ』（WAVE出版）にその楽しみを書きましたが、タネまき大好き人間としては、サボテンをタネから育てられることにわくわくしてしまいます。

よく植物園の温室で見かけるトゲだらけの大きな丸サボテン（たいてい金鯱《きんしゃち》という品種）も、はじめからあんなに立派なトゲがあったわけではありません。金

ゴマより小さい「金鯱」のタネ。

発芽直後。

タネまき後1年半。

鯱のタネは、なんとゴマよりも小さいのです。これを砂にまいてやると、数日で発芽してきます。小さな緑のカニのはさみのような姿で、なんとなく双葉だとわかります。やがて、その間から本葉が出てくるのかと思ったら、トゲが出てくるのがサボテンらしいというか何というか。新しい発見でうれしくなりますね。それも触れても痛くもない弱々しいトゲで、大きくなっていくにつれて、次第にトゲも太くなっていきます。そんなふうに見守ってやって、まいてから丸一年で、直径一センチ程度のプチ金鯱となります。植物園のサボテンのようになるには、まだ二、三十年はかかるでしょう。先は長いです。

　また、ドラゴンフルーツという名前で出回っている熱帯果物は、実はサボテンの果実です。切ってみると赤か白色の果肉に、ゴマのようなタネがたくさん入っています。ふつうはそのまま食べてしまいますが、このゴマのようなタネを取り出してまいてやると、やはりサボテンを育てることができます。こちらは、はっきりとした双葉が開き、ふだんは考えもしないことですが、サボテンって双子葉植物なんだと実感できます。やがて双葉の間から金鯱と同じようにトゲがのぞき、そのうち爪楊枝くらいのプチ柱サボテンへと成長します。さらに、夏の間の高温時になると成長はかなり早く、翌年の夏には数十センチの大きさまで成長してくれるので、けっこうオススメです。

筑波実験植物園の金鯱、タネからなら30年？

そのほか、サボテンはヒヤシンスのように水栽培にも挑戦することができます。サボテンというと、砂漠で乾燥というイメージがありますが、サボテンだって本当は水が好きなのです。種類によって、水栽培に適するものとそうでないものがあるようですが、窓辺でサボテンの水栽培なんて、ちょっと人を驚かせるのには十分です。

お取り寄せの仕方

各種サボテンのタネの入手は、山城愛仙園（1袋30粒130円～）やMesa Gardenからできる。また、タキイ種苗から、鉢と播種用土もついたお手軽なタネまきセット「サボテンファーム」（1500円）も販売。食べたドラゴンフルーツのタネをまくというのも、楽しみのひとつ。

山城愛仙園
http://www.aisenen.com/

奈良多肉植物研究会
http://www3.kcn.ne.jp/~sakainss/

MesaGarden（英語サイト）
http://www.mesagarden.com/

育て方のポイント

植木鉢にサボテン用の用土を詰めたところへ、熱湯をかけて土壌消毒し、冷めたところでまく。適期は春。サボテンといえども、芽が出たばかりの頃は水が好きなので、少し大きくなるまでは腰水にして、水を切らさずに育てる。直射日光も、小苗の時は強すぎる場合がある。2年ほどすれば、あとはふつうのサボテンと同じように扱うことができる。

ミニサボテンなら、水栽培やハイドロカルチャーが比較的簡単にできる。また、インターネットでも、「サボテン、水栽培」などで検索してみましょう。

世界にひとつだけの朝顔をめざして

母　　父

曜白朝顔「沙矢佳」（左）の雌しべに、車咲（右）の花粉をかけ、その孫の中から選んだお気に入りの自分だけの朝顔。「紅風車」と勝手に命名。

植物名：朝顔
・ヒルガオ科
・一年草
学名：*Ipomoea nil*

難易度
★★★

自宅で交配した中から咲いた朝顔2輪。吹掛絞の模様が入った車咲（右）と、変わった花模様になった立田咲（左）。

変わり咲き朝顔のすばらしさについては、34頁に取り上げました。こんな朝顔が育てられたらいいなぁと思われた方もあるでしょう。それには、ある程度遺伝の仕組みを理解しなくてはなりません。でも、それがわかってしまえば、さらにもう一歩踏み込んで、自分だけの朝顔を作ってみることもできるようになります。そう、自分で朝顔を品種改良して、新品種をつくってしまうのです。こんな花を咲かせてみたいと頭に思い描いて交配をし、実際に思い通りの花を咲かせることができたときの喜び。世界でたった一つだけ、そんな朝顔がつくりたくて、遊び半分でやってきたことを少しご紹介します。

いまではいろいろな色や大輪の品種もある、花びらに白い筋が入る曜白朝顔ですが、売り出された当初はそれほど色数もなくて、最初に手に入れたのがこのピンク色をした「沙矢佳」という品種でした。なにか、もう少し派手さが欲しいなと考えて、そのとき変わり咲き朝顔で入手していた紫色の車咲（台咲で、花びらが切れる立田という性質がある）と交配をしてみました。

翌年、交配したタネからは、両親の性質が互いに隠されてしまって、ふつうの紫色の朝顔にわずかに曜白が入る程度のあまりおもしろくない花が咲きました。しかし、そのタネを採ってさらに翌年にまくと、今度は両親の性質が入り交じった結果、一株ごとにさまざまな花をつけてくれました。その中から、好

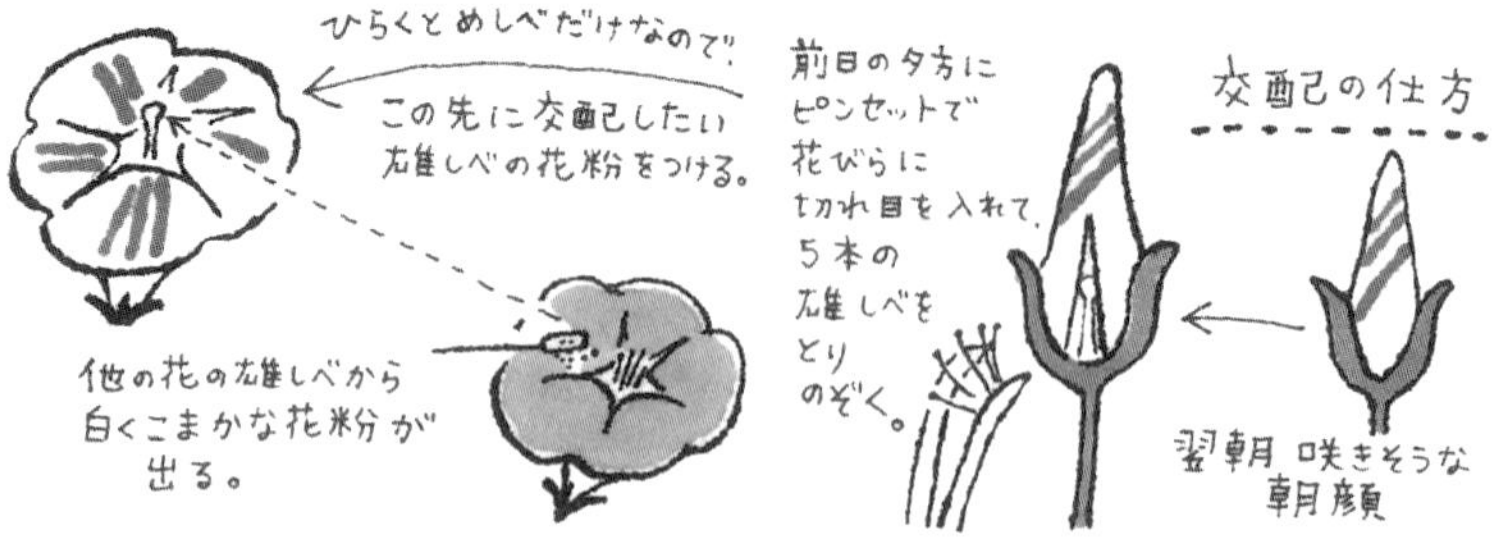
交配の仕方
ひらくとめしべだけなので
この先に交配したい
雄しべの花粉をつける。
他の花の雄しべから
白くこまかな花粉が
出る。
前日の夕方に
ピンセットで
花びらに
切れ目を入れて
5本の
雄しべを
とり
のぞく。
翌朝 咲きそうな
朝顔

みの株を選んでいったのが90頁の赤い切れ咲きの曜白朝顔です。沙矢佳からは曜白の性質が、車咲きからは立田の花びらが切れる性質が入り、花の色はどちらでもない赤色になりました。これに「紅風車」などと、自分で好きな名前をつけて楽しんでいます。

こんな調子で、交配をしてその子どものなかから自分の好みのものを選んでいくことで、変わり咲き朝顔はもちろん、大輪の朝顔でも、自分だけの品種を作り出すことができるのです。新品種を作り出すには、ほかの植物でもこのような操作がされているわけですが、朝顔は雄しべや雌しべが比較的大きく、交配をするのには扱いやすい植物です。

朝顔の花をよく見ると真ん中に雌しべが一つ、雄しべが五つあります。ふつう何もしなければ、その花の雄しべの葯《やく》からこぼれた花粉が雌しべにかかってタネができます。自分自身の花粉がかかっているので、翌年も同じ花を咲かせます。そこで、花が咲く前日に、つぼみの横を切り開いてあらかじめ雄しべを取り除いておき、翌日、別の花の花粉をかけてやることで交配ができます。

あとは、交配してできたタネをまいて種子を採り、さらに翌年まくと、一株ごとに両親の性質が入り交じった様々な花が咲くので、好みの花をつける株からタネを採ります。これを何年か繰り返すと、やがて毎年同じ花が咲くように

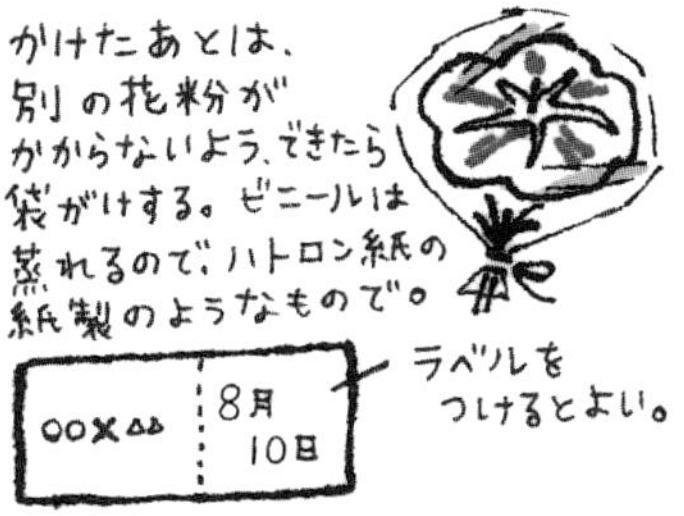
かけたあとは、
別の花粉が
かからないよう、できたら
袋がけする。ビニールは
蒸れるので、ハトロン紙の
紙製のようなもので。
ラベルを
つけるとよい。
○○×△△
8月
10日

なり（このことを「固定」といいます）、自分だけの新品種のできあがりというわけです。好きな名前をつけて、種苗登録をして売れば一儲けなんてことも夢ではありません。

お取り寄せの仕方

好みの花をめざして、挑戦あるのみ！交配の仕方など、詳細は『アサガオ 江戸の贈りもの』米田芳秋著（裳華房）などを参照。

育て方のポイント

遺伝の仕組みがわかっていれば当たり前のことですが、株ごとに蔓が混じらないようにして、一株ずつタネを採って選んでいくことがポイント。これは、変わり咲き朝顔のタネを採って維持する場合にも鉄則。

九州大学のアサガオホームページには、栽培法など変化朝顔の詳しい情報が充実。また、変化朝顔研究会のHPにはBBSも設置されていて、多くの朝顔愛好家の書き込みがある。

アサガオホームページ
http://mg.biology.kyushu-u.ac.jp/

変化朝顔研究会
http://www.geocities.jp/henka_asagao/

コラム5

変わり咲き朝顔

立田、笹、柳、牡丹、獅子、渦、南天……など、風流な名前の付いた朝顔の突然変異の集大成が変わり咲き朝顔です。大正時代の品評会では、雪の部（采咲牡丹）、月の部（車咲牡丹）、花の部（獅子咲牡丹）などに分けて競技されました。現在では、大輪の朝顔が主流ですが、最近はインターネットの情報もあり、平成のブームが興りつつあります。

★アサガオホームページ　http://mg.biology.kyushu-u.ac.jp/
★変化朝顔研究会　http://www.geocities.jp/henka_asagao/

風鈴獅子咲牡丹（国立歴史民俗博物館にて撮影）
細くなった花びらの先端は折り返して管状になっているが、先は広くなって「風鈴」と呼ばれる。牡丹咲きになって花びらの数が増え、とても朝顔とは思えない。親木から1/16の確率で出る。

総管弁流星獅子咲牡丹（魚籃寺にて撮影）
上と同じ獅子咲牡丹であるが、花びらが管状でより細い。夜空に広がる花火のように、花びらが伸びる。花弁の数が多くなると自力でうまく開花できないので、手で整えてやる。

咲き分け（国立歴史民俗博物館にて撮影）
ひとつの株から、白と紫の花が咲き分ける。ひとつの花の中で、部分的に色が変わる「染め分け」と呼ばれるものもある。

吹上車咲牡丹
車咲きに牡丹の遺伝子が入ると、本来、雄しべや雌しべのある部分が花びらになって、このように吹き上げているように見える。台咲きの親木から1/16の確率で出る。

車咲
台咲きと花びらが切れる立田咲きが組み合わさった車咲きと呼ばれるもの。これは、花色が渋めの茶系の品種。種子は採れにくいが、正木で維持できる。

撫子采咲牡丹（国立歴史民俗博物館にて撮影）
右と同じ撫子采咲牡丹であるが、花色が違い花びらの数も多い。変わり咲き朝顔の多くは、葉っぱも変化しており小苗の時に区別できる。また、ねじれたり細くなった変わった葉も、鑑賞の対象となる。

撫子采咲牡丹（魚籃寺にて撮影）
変わり咲き朝顔の場合、花の色は単純なものが多いが、この品種は赤に白い覆輪の入った美しい花を咲かせる。

石畳咲（国立歴史民俗博物館にて撮影）
花びらが元まで裂けた切れ咲きで、途中から花びらが折れ曲がり、変わった花の形になる。正木なので種子がとれる。

柳葉撫子咲（国立歴史民俗博物館にて撮影）
一重の撫子咲き。白い花色ですっきりとしている。また、撫子咲きの株は、葉っぱが細く柳の葉のようになる。これに牡丹が入ると撫子采咲牡丹となる。

6

文学のかをり

文学作品のなかには、
植物を取り扱った作品がいくつもあります。
植物が主人公であったり、名脇役であったり、
そんな作品のなかから
特に変わった植物が出てくる4作品を取り上げてみました。

チューリップ狂時代

植物名：チューリップ
・ユリ科
・多年草
別名：鬱金香
学名：*Tulipa gesneriana*

難易度
★

近年話題の茶色系バイカラー品種・ガボダ。

フリンジ咲きのカミンズ。

グリーン系のスプリング・グリーン。

シャーベットのようなハッピー・ゼネレーション。

『三銃士』や『モンテ・クリスト伯』で有名なアレクサンドル・デュマですが、ルイ十四世によって引き起こされたオランダ戦争の渦中、政争と当時の人々のチューリップへの情熱を織り込んだ恋と陰謀の物語『黒いチューリップ』という作品もあります。

その時代背景にあるのが、世に名高いオランダのチューリップ狂時代です。投機目的に、花に複雑な縞模様の入った変わり咲きのチューリップの球根がとんでもない高値で売買された時代——ついには、チューリップの球根たった一球が、馬車二台の小麦、馬車四台の大麦、雌牛四頭、豚八頭、羊十二頭、ワイン二樽、麦酒四樽と交換されたという記録が残ってます。そして、最後にはオランダ政府が投機売買禁止令を出すことで、チューリップ狂時代は終わりを告げることになります。多くの自殺者も出たということです。

現在の知識から考えると、花に複雑な縞模様の入ったチューリップの大部分は、ウイルスに侵されたものだったのです。その後、品種改良によって、本当にさまざまな色や形の花が咲く品種が作り出されました。

黒いチューリップはもちろんのこと、色では二色咲きや、花びらに緑が入るグリーン系の品種が見られるようになりました。また、花の形では、花びらの先がフリルのようになるフリンジ咲き、花びらの縁が深く切れ込んでフリル状

『黒いチューリップ』
（創元推理文庫）

原種系のタルダ。

に波打つ派手なパーロット咲き、花びらの先が尖ったような百合咲き、枝咲きの品種や八重咲きに至ってはとてもチューリップとは思えないくらい豪華な印象を受けます。もし、これらのチューリップを十七世紀のオランダに持って行くことができたら、いったいいくらの値段がつくことでしょう。

また、チューリップの原産地はトルコで、原種に近い品種には、草丈が低くて葉っぱに縞模様が入る珍しいものがあります。これらの原種系は、花は小さめですが、数を植えるとけっこう見栄えがするものです。清楚なお嬢さん系から、はでな化粧のお姉さん系まで、数あるなかから好みのチューリップを選んでみてください。

こんなにいろいろな種類のあるチューリップですが、青バラと同じく、青いチューリップはやはり幻の花です。原種系のなかで、芯の部分が青紫のような色をしていて青っぽく見えるアルバコエルレア・オクラータがありますが、本当に青い花を咲かせる品種はいまのところありません。

ところが、もう二十年も昔、アムステルダムの運河沿いに店を出している花屋で、偶然切り花として売っている青いチューリップを目にしたことがあるのです。さすがに目を疑いました。それほどまでに、オランダの品種改良の技術は進んでいたのだろうかと思い、その青いチューリップに手を伸ばして納得しました。それは、白いチューリップに、青インクを吸わせた切り花だったのです。本物の青いチューリップを見ることができるのは、いつの日のことでしょうか。

古い図版に残る昔のチューリップ。

お取り寄せの仕方

　ホームセンター、園芸店で10月頃から入手可能。珍しい品種や新品種は、いろいろな通販カタログを見て楽しみながら注文するのが確実。（5球で数百円程度。当然新品種はやや高価）

タキイ種苗
http://www.takii.co.jp/

国華園
http://www.kokkaen.co.jp/

育て方のポイント

　球根を植えるだけなので、失敗は少ない。ただし、チューリップは病気に侵されやすく、また関西以西の暖地では花のあと気温が上がって、球根が太るまでに葉が枯れてしまうので、年々球根が小さくなっていく。少なくとも植えっぱなしではなく、花のあと掘りあげてやること。秋に植える必要があり、使い捨てと考えた方がいいかも知れない。原種系のなかには、丈夫で植えっぱなしでも増えて毎年花を咲かせてくれるものもある。

仮面ライダーの怪人は
ここから生まれる

植物名：ハエトリグサ
・モウセンゴケ科
・多年草
学名：*Dionaea muscipula*

難易度
★★

赤いとりもち状の葉っぱが美しいモウセンゴケ（右）。ハエトリグサに捕獲されたハエ（左）。

ある夜、緑色の大流星雨を見た人々はみな目が見えなくなってしまい、油を採るために栽培されていた「トリフィド」という植物が三本足で歩き出して、目が見えなくなった人類に次々と襲いかかる――。

これは、古典ともいえるジョン・ウインダムのSF小説『トリフィドの日（トリフィド時代）』のあらすじですが、小説だけでなく『人類SOS!』というB級ホラー映画にもなっているので、ご覧になった方もあるのではないでしょうか。

このような動く植物、あるいは動物を食べる植物は、ホラー映画や仮面ライダーの怪人に欠かせません。「サラセニアン」、「ハエトリバチ」（ハエトリグサと蜂が融合したゲルショッカーの怪人）など、小学生の頃ブラウン管に見たそんな怪人たちの姿は、目に焼きついて離れないのです。

たしかに、食虫植物に捕まった昆虫を見ると、なんとなくぞわぞわした感じがします。しかし、これも肥料分の少ない土地で、何とか生き延びようと進化した植物たちの知恵のたまもの。虫を捕る方式には、いろいろな工夫が見られます。

なかでも、見た目で一番人気というと、やはりハエトリグサでしょうか。葉っぱに歯のようなギザギザがあって、虫の動きを感じて二枚の葉っぱですばや

落とし穴タイプのウツボカズラ、大きさや形、模様もいろいろあります。

『トリフィド時代』
（創元SF文庫）

く虫をはさみこんで離さないという、いかにも動く食虫植物らしい姿が人気の秘密でしょう。

この捕虫葉をよく見ると、葉っぱの内側に感覚毛という突起が三本生えていて、その感覚毛に二度触れると葉が閉じるようにできています。一度だけでは空振りの可能性があるので、それを見こして二回触れれば閉じる仕組みのようです。そんなことを耳にすると、ついどれどれ本当に二回触れると閉じるのか、などと感覚毛に触れたくなってしまいますが、虫もいないのに何度も開閉させるとくたびれて枯れてしまいます。

ハエトリグサははさみ取りタイプですが、落とし穴タイプになっているものがウツボカズラやサラセニアです。ウツボカズラの捕虫葉は、葉っぱの先が次第に変形してあのような袋ができあがるのですが、進化したのだとはわかっていても、あのような虫を捕まえる袋が自然とできあがったというのは不思議でたまりません。また、同じ落とし穴タイプのサラセニアには、葉脈が赤くなる種類があり、なんとなく血管のように見えてしまうのは、食虫植物というイメージがあるからでしょう。

また、とりもちタイプで虫を捕まえるのがモウセンゴケです。ねばねばした赤い液が玉になって葉っぱにびっしりとついている姿は、虫眼鏡で見るととても美しく見えます。虫もそれに誘われて、つい葉っぱに止まってしまうのかも知れません。モウセンゴケの仲間には、日本に自生しているものもあります。
さて、どのタイプがお好みでしょう。

お取り寄せの仕方

新宿伊勢丹の展示即売会は有名なようですが、最近は小型のウツボカズラやモウセンゴケ、ハエトリグサは鉢植えにされて、ホームセンターなどでも売るようになってきました。食虫植物展をやっている植物園でも、即売していることがあります（小型種数百円～）。いずれにしても、夏の間がシーズンです。

ワイルドスカイ
http://www.wildsky.net/
（エキゾチックプランツとカエルの通販）

育て方のポイント

食虫植物とひとまとめにされるが、モウセンゴケは日本にも自生地があり、ハエトリグサは湿地で冬は凍るぐらいのところに、ウツボカズラは高温多湿なジャングルなど、それぞれ原生地を調べて、そこの環境に近い条件で栽培してやると調子がよい。湿地に生えていることが多く、植え付けには水ゴケなどを使い、肥料はあまり必要としない。

夢の島熱帯植物館
東京都江東区夢の島2-1-2
tel.03-3522-0281
http://www.yumenoshima.jp/

Kentの食虫植物Webページ
http://kent.la.coocan.jp/
（特徴や育て方など、画像付で詳しく解説）

百万ドルのバラ

植物名：青バラ
・バラ科
・多年草
学名：*Rosa* sp.

青バラの代表選手
「ブルーナイル」

難易度
★★

浜名湖花博での展示。青バラの最新花「ミスティパープル」（左）と「ブルーヘブン」（右）、ともに河本バラ園作出。

青バラといえば、中井英夫の『虚無への供物』を思い出さずにはいられません。色の名前がついた氷沼家の殺人事件、薔薇、誕生石などなど蘊蓄もあり、推理小説としての内容はここでは省略するとして、一九五四年にマックレディ、コルデス、メイヤンという英独仏の三大育種家が青バラを発表したことなど、大学の植物学研究室から情報を得て書かれただけあって、花の色素の蘊蓄も読みどころです。もう、四十年も前に出た本ですが、最近講談社文庫から上下二冊に分けた新装版が出ているので、ぜひご一読を。

さて、その三大育種家はその後も青バラを世に出し続け、メイヤンは一九七四年に「シャルル・デュ・ゴール」を、同じ年にコルデスも「ショッキングブルー」を発表しています。その後も、「ブルーナイル」「ブルームーン」「スイートムーン」「オンディーナ」と、次々と青バラと呼ばれる品種が作り出されていきました。しかし、「ブルー……」とはついていても、実物を見ると藤色ぐらいでそれほど青くないと感じるのが正直なところでしょうか。

二〇〇四年の浜名湖花博にも、日本の育種家が作り出した青バラの最新花「青龍」と「ブルーヘブン」が飾ってありました。折しも、サントリーがバイテク技術を使って、世界初の青バラを育成したとのニュースも流れました。でも、やっぱり青バラと大手を振って言うには、まだなのかなぁという感じがし

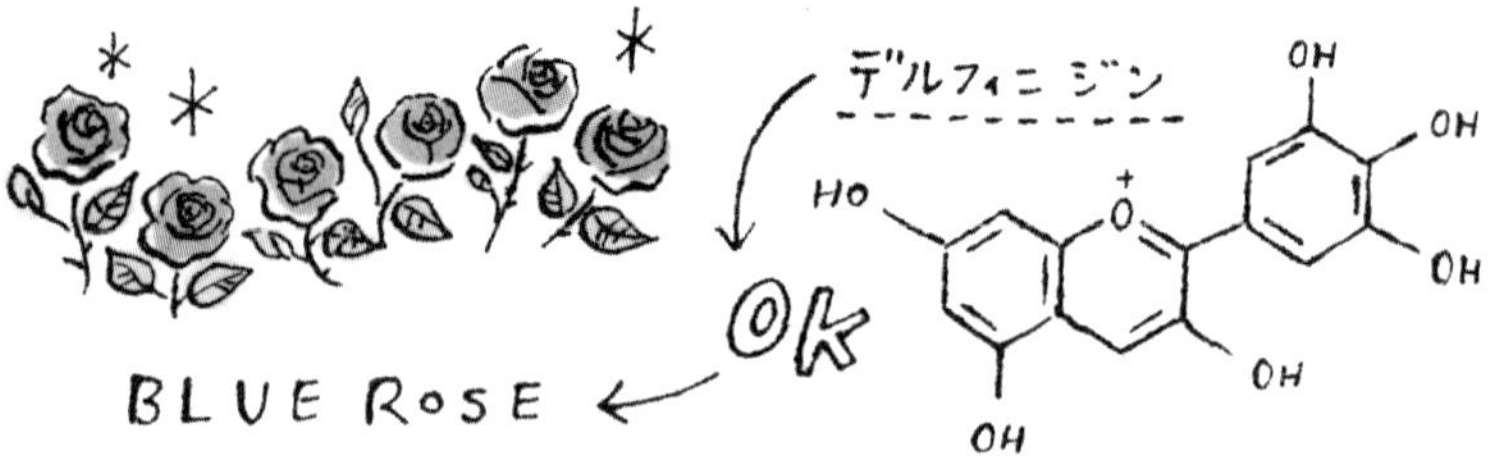

ます。ヒマラヤの青いケシ（58頁）ぐらいの青バラが見てみたいものです。

花の色を作り出す色素には、大きく分けて四種類があります。そのうちアントシアン系と呼ばれる色素は広く植物に含まれ、ブドウの紫色や、アジサイや朝顔の赤から青までの幅広い色を作り出しています。バラにもこの種の色素は含まれているのですが、それは赤い方の色素ばかりで、アントシアン系のなかでも青い色を作り出すデルフィニジンという色素は作ることができませんでした。これは、バラにはフラボノイド3'、5'水酸化酵素遺伝子がなく、デルフィニジンになる前の物質まではできても、デルフィニジンは作ることができなかったからです。そこで、パンジーからこの遺伝子を導入してバラの花弁に青色色素のデルフィニジンをほぼ一〇〇％蓄積させたのが、サントリーが作り出した青バラというわけです。

ただ、デルフィニジンを持っていれば青色になるのかというと、それがまた難しいところで、ツユクサの青色は、色素にマグネシウムイオンが結びつき、金属錯体という状態になって青色を発していることがわかっています。また、ヒマラヤの青いケシは、従来のバラと同じようにデルフィニジンは持たないのに、あんなに青い色をしており、いまもその原因は解明されていません。

だから、サントリーの青バラも、きっともうあと一息のところまで来ているのです。これまでバラが作れなかったデルフィニジンまで作れるようになったのですから、きっとこのバラを元にさらに改良が加えられ、本当に青バラが見られるのもそう遠い未来のことではないでしょう。

『虚無への供物』
（講談社文庫）

お取り寄せの仕方

これまで作出された青バラ品種は、通販などで入手することができます。サントリーの青バラも、切り花でよければ実物が手に入る。

タキイ種苗
http://www.takii.co.jp/
（「ブルーヘブン」「ミスティパープル」はタキイ専売）

京成バラ園芸
http://www.keiseirose.co.jp/
（青バラはないが、種類が豊富）

育て方のポイント

ふつうのバラに準じます。バラの栽培については、多くの手引き書があるのでそちらを参考にしてください。青バラについては、『青いバラ』最相葉月著（小学館）に詳しい。

サントリーブルーローズ アプローズ
http://www.suntorybluerose.com/#

文学のかをり 4

どこまで伸びるか ジャックと豆の木

植物名：モートンベイ・チェスナッツ
・マメ科
・常緑高木
別名：ブラックビーン、グリーンボール
学名：*Castanospermum australe*

難易度
★

半年ぐらいで1m以上に成長し、ちょっとした観葉植物になります。あまり日が当たらなくても、元気に育ちます。

イギリス民話に『ジャックと豆の木』という話がありますが、その豆の木から愛称をつけてもらったこの植物は、オーストラリア原産でマメ科のモートンベイ・チェスナッツという高性の常緑樹です。オーストラリア北東部、パプアニューギニア、ソロモン群島などの亜熱帯地方では、高さ四十メートルにも成長します。春から初夏には、黄色からだんだんと赤くなっていく花を咲かせるそうですが、観葉植物として鉢植えにされている日本では、まず花を見ることはないでしょう。

グリーンボールとも呼ばれるだけあって、一個が手のなかにやっと隠れるくらいの大きな豆で、四～六月頃に豆を入手してまくことになります。あるいは、もう発芽したものを小鉢に植えてホームセンターなどでミニ観葉として販売しています。タネから芽が出てくる楽しみは無くなってしまいますが、失敗はありません。

ミニ観葉として売っているものには、矮化剤を処理して葉っぱを小さくしてあることが多く、大きな豆に小さな葉っぱのアンバランスが目をひいて売り物にはいいのでしょう。ただし、この場合は矮化剤が切れた時点で同じ植物の葉かと思うほど大きな葉っぱが伸びだし、急に成長をはじめて驚くことになります。この植物に魅せられた方々の「ジャックと豆の木会」では、これを「魔女

の呪い」と呼んでいるようです。たしかに、呪いが解けたように、突然大きくなりますから……。

つやのある濃緑の葉っぱは室内でも美しく、豆から育ててやれば立派な玄関先の観葉植物にはなります。室内でどこまで大きく育てられるかは鉢の大きさにもよります。『ジャックと豆の木』に出てくるジャックの豆の木は、つるをどんどん伸ばして大男の住む天まで届いてしまいますが、鉢植えの観葉植物として育てるなら二メートルぐらいまででしょうか。あまり大きくなっても困るので、伸びすぎた場合は切り戻してやると、芽吹いて新しい枝を伸ばしてくれます。

ところで、民話に出てくるジャックは、町に売りに行った牛を、わけのわからない豆粒などと取り換えてきて、ま、そこは本当に巨大な豆の木になったのだからいいとしても、大男の家から金の卵を産む鶏や、自分で歌うハープを盗んできた上に、大男を墜落死させて、あとは幸せに暮らしましためでたしめでたしでいいのか、というのはいまでも気になっています。

このほか似たような植物としては、やはり大きな種子をまいて発芽時を楽しむケルベラ（キョウチクトウ科の植物で、十数メートルに成長する。鉢植えでは、これも二メートルぐらいまで）や、コマーシャルでおなじみの「この木なんの木」の種子や栽培セットもあり、いずれも観葉植物として楽しむことができます。

お取り寄せの仕方

東急ハンズなどで種子を入手できます。4月～6月に購入し、入手したらただちにまいてください。そのほか、ホームセンターのミニ観葉の売り場で「グリーンボール」などの名前で売られています（300～400円程度）。

「この木なんの木」は、日光種苗で通販があります（種子315円、栽培セット1260円）。

日光種苗
http://www.rakuten.co.jp/nikkoseed/

育て方のポイント

鉢を大きくすれば、人の背を超えるくらいまでになる。大きくなりすぎたときは切り戻すとよい。ジャックと豆の木は耐陰性も強く、ずっと室内に置いていても問題はない。長く室内に置いたものを、急に直射日光に当てると葉焼けするので注意。冬場は霜には当てず、凍らさなければよい。

ジャックと豆の木会
http://www.asahi-net.or.jp/~PV4R-HSM/jackbean.html
（ジャックと豆の木を愛する人たちの個人サイト。通販はなし。）

ケルベラ推進委員会
http://www3.plala.or.jp/harahara/cerbera/

植物物語
http://www2.plala.or.jp/ttni/
（観察日誌あり）

動き出す植物が登場し、映画化もされたジョン・ウィンダムの古典的SF作品『トリフィドの日（トリフィド時代）』。しかし、SF作品の中には、もっともっと多彩な植物たちが登場する世界が広がっています。そんな中から、わたしのお気に入りの4冊＋αをご紹介しましょう。

『グリーン・レクイエム』

新井素子 著（講談社文庫）品切重版未定

腰まで届く長い緑色の髪をもつ娘・明日香、しかもその髪は自由意思で動かすことができるという。そんな彼女を愛してしまった青年・信彦と、明日香の髪に秘められたさらなる驚くべき能力、そしてあかされる彼女の正体とは？せつないSF物語です。電子書店パピレスhttp://www.papy.co.jp/ からも購入できます（￥420）。

『アレックス・タイムトラベル』

清原なつの 著（ハヤカワJA文庫）￥840

遺伝子操作によって生まれた青いバラ――夢や科学の象徴であると同時に、そのバラにはある秘密が隠されています。それに加えて、タイムパトロール、偽の記憶、管理社会からの脱出、時間を超えた逃避行、避けられない核戦争とタイムパラドックスを内包したドラマが描かれる、SFコミックの連作集です。

『平行植物』

レオ・レオーニ 著（ちくま文庫）￥1155

月の隕石とともに地球にやってきたというツキノヒカリバナ、遠くから見ても近くで見ても大きさの変わらない遠近法を無視した植物フシギネ、手で触れればたちまち溶けてしまうユビスマシ、〈森の角砂糖バサミ〉などなど……不思議なもうひとつの世界の植物たちを、絵本作家でもあるレオ・レオーニが学術書風に仕立て上げた奇書。

『地球の長い午後』

ブライアン・W・オールディス 著

（ハヤカワSF文庫）￥672

原題の“HOTHOUSE”が示す通り、超遠未来の地球の大地は巨木に覆いつくされ、食肉植物ハネンボウ、トビエイ、ヒカゲノワナなど、植物の王国と化していた。そんな環境で人類は、地球の支配者たる植物の影で細々と生きのびる存在に成り果て……。月まで昇る植物蜘蛛など、イマジネーションの限りを尽くすSF名作です。

ハヤカワSFシリーズ・Jコレクション

『星の綿毛』

藤田雅矢 著（早川書房）￥1575

拙作もよろしければどうぞ。

多肉植物をからめた遠未来を描いた植物SFです。大地を耕しタネをまき続ける巨大機械にしがみついて生活する人々や、イシクログサなど本書で紹介したような植物のなれの果てが物語に登場します。

7

ザ・インパクト

わぁ、すごい……と、
思わず口にしてしまうインパクトのある植物。
ぜひ、子どもたちに見せてやってください。
世界にはこんな植物があるのだと知って、
想像力の蕾もふくらんでいくことでしょう。

ザ・インパクト1

子どもが乗っても沈まない

植物名：オオオニバス
・スイレン科
・一年草
学名：*Victria regia*

難易度
★★★

大人が乗っても沈まない!?　というのはさすがに無理です。実は、水面下に支えがあります。乗っているのは九州大学の仁田坂先生。

これもリトープス（30頁）と同じく、子どもの頃の愛読書であった『植物の図鑑』の世界の珍しい植物を描いたページに載っていた植物です。そこには、縁の立った大きなスイレンの葉っぱの上に小さな女の子が座っている絵が描かれていて、「世界で一番大きな葉で、さしわたし二メートルにもなる」とコメントがついていました。大きな葉っぱの上に乗って、水面にゆらゆらと浮かんでいる姿を、夢にみたものでした。

この巨大なハスは、十九世紀の初めにアマゾンで発見され、イギリスで栽培が試みられましたが、開花に成功したのは五十年後、ようやく咲いた花は当時のビクトリア女王に贈られ、学名のVictriaもそれにちなんだものです。

オオオニバスには、アマゾン原産のオオオニバスと、パラグアイ原産のパラグアイオオオニバスがあります。前者は、葉っぱは大きくなるのですが、葉っぱの縁のエッジがそれほど高くなりません。後者は、葉っぱの縁は二十センチ近くも立つのですが、葉っぱの大きさは一・五メートル止まりとなります。そして、この両者を人工的に交配（現地では生えている地域が異なるので、自然に交配することはありません）させたロングウッドオオオニバス（アメリカのロングウッド植物園ではじめて作られたのでこの名があるそうです）がつくられています。これは葉っぱが大きくて縁も十センチぐらいにはなり、両親より強健で育てやすいようです。

実際に人が乗るなら、ロングウッドオオオニバスがいいのでしょう。

オオオニバスは一年草なので、あんなに大きな葉っぱの植物なのに、毎年種子から育ちます。海外のサイトには、種子の入手方法を書いてあるところもありますが、さすがに直径二メートルもある葉っぱを何枚も出す巨大蓮を植える池を持つというのは、個人では難しいことでしょう。

一方、植物園にとっては、この巨大な蓮は珍しくてインパクトがあるので、大温室のある植物園ではたいてい見ることができます。植物園のオオオニバスを見るたびに、乗ってみたいなぁと思いつつ、大人になってしまいました。

しかし、最近では植物園の夏のイベントとして、広島市植物公園などオオオニバス試乗会をやっている植物園があります。もう閉園になってしまいましたが宝塚ファミリーランドでも毎年行われていたようです。だいたい体重が三十キロ以下の子どもが対象ということのようですから、小さいうちにぜひ体験させてあげましょう。きっと一生の思い出になることでしょう。オオオニバスは、子どものうちに植物園に乗りに行くに限る、ということでしょうか。

ただ残念なことに、このオオオニバスの葉っぱの上にお賽銭よろしく、一円玉や五円玉が投げ込まれている風景を見かけることがあります。誰かがはじめに投げたのを見て、後追いする人がいるようなのですが、金属が葉っぱを痛めてしまいます。蓮のことですから、きっとお釈迦様もどこかで見ておられるに違いありません。罰は当たれど、ご利益はないものと思います。

ふつうのスイレン（手前）と比べると、大きさの違いがよくわかる。

お取り寄せの仕方

広島市植物公園などでは、夏に試乗体験ができる。

詳しくは、植物園にお問い合わせください。

Victoria Adventure（英語サイト）は、オオオニバスのほか、スイレン関係のホームページ。種子の入手先などについても記載がある。

広島市植物公園
広島市佐伯区倉重3-495
tel.082-922-3600
http://www.hiroshima-bot.jp/

Victoria Adventure（英語サイト）
http://www.victoria-adventure.org/

ザ・インパクト2

英国人の大好きな巨大マリーゴールド

植物名：マリーゴールド
・キク科
・一年草
別名：万寿菊、孔雀草
学名：*Tagetes erecta*

代表的な巨大輪のアフリカンマリーゴールド（パーフェクションオレンジ）

難易度
★

白花の品種ホワイトバニラもある（右）。耐暑性は抜群。イングリッシュガーデンによく似合う、黄色やオレンジ色のマリーゴールド（左）。

イングリッシュガーデンの植物といえば、まず一番にバラがあげられるでしょうか。また、ペチュニア、ロベリア、フクシアなどで作るハンギングバスケットも、英国の町並みには欠かせない風景です。

　これらに次いで英国の庭先でよく見かけるのが、夏の間オレンジや黄色の花を咲かせ続けてくれるマリーゴールドです。それも、人のこぶしぐらいはありそうな（五百円玉の大きさと比べてみてください）、超巨大な八重咲きのアフリカンマリーゴールドが植えられていることが多いのです。

　英国の種苗会社のカタログには、人気のペチュニアや、パンジー、スイトピーと同じくらいマリーゴールドにページが割かれていて、たくさんの品種が紹介されています。きっと、隣より大きな花を咲かせてやろうと、より巨大な花を咲かせる品種を探してタネを注文しているに違いありません。もっとも、あまりに大きな花をつけたときには、その重みで茎が折れてしまうことがあります。日本でも、こんな超巨大マリーゴールドを植えれば、人目をひくこと間違いないでしょう。

　マリーゴールドには、和名で万寿菊と呼ばれているアフリカンマリーゴールドと、孔雀草と呼ばれているフレンチマリーゴールドの二種類があります。英国で見かけた巨大な花を咲かせてくれるのは、八重咲きのアフリカンマリーゴ

フレンチマリーゴールドの品種Mr.マジェスティック。花数が多い（左）。一重咲きのフレンチマリーゴールドは、花は小さいものの極めて多花性で夏の間もほとんど休むことなく、霜が降りるまで咲き続ける（右）。

ールドの方です。古い品種は、草丈が六十センチ以上もあり、大きな花を咲かせると倒れやすかったのですが、最近では草丈が三十センチ程度の矮性品種もできてかなり作りやすくなりました。

花の色は、オレンジや黄色のほか、珍しい白い品種もあります。この白花のマリーゴールドには、青バラと同じように懸賞金がかけられていたことは有名です。そして、みごと白花の品種を作り出した女性には、一万ドルの賞金が贈られました。

一方、フレンチマリーゴールドの方は、アフリカンマリーゴールドに比べると、花の大きさは小さく、一重咲きの品種も多いのですが、二色咲きや変わった模様の品種もあります。花が小さい分、花数は多くて、花壇に植えるとあまり手をかけずに、夏の間中、いえ霜が降りる頃まで、ずっと咲き続けてくれるでしょう。

また、実際に葉っぱに触れてみるとよくわかりますが、触れた指先を嗅ぐとマリーゴールド特有のにおいがあります。あまりいいにおいではないので、このにおいが嫌いという人もあるでしょう。

マリーゴールドの葉っぱや根っこには、土壌中の線虫を殺す成分が含まれています。ダイコンやゴボウなどの線虫の害が続く畑には、それを防ぐためにマリーゴールドを植えて線虫を減らす効果があります。最近ではマリーゴールド特有のにおいを減らした品種もできているようですが、線虫にはにおいの強烈なアフリカン種の方が効くようです。

お取り寄せの仕方

園芸店や日本の種苗会社の通販で簡単に入手可能。代表的な超巨大輪品種は、アフリカン種のパーフェクションシリーズ（イエロー、ゴールデン、オレンジの3色）で、サカタのタネから1袋（約20粒）315円で販売。白花のホワイトバニラは、1袋（約10粒）450円、フレンチ種は1袋200円程度。

英国Thompson ＆ Morganのカタログには、マリーゴールドだけで20品種以上も載っている。

サカタのタネ
http://www.sakataseed.co.jp

Thompson ＆ Morgan
http://www.thompson-morgan.com/

育て方のポイント

暖かくなった5月以降、タネをまくか、園芸店で苗を入手する。育てやすい夏花壇向けの植物で、水はけがよく、日当たりのよい場所に植える。日当たりが悪いと軟弱に育って花つきが悪くなる。また、花のあとの花殻をこまめに取り除いてやることと、肥料が切れると花が小さくなったり花数が減ったりするので、肥料を切らさないこと。真夏の暑さで、一時花が止まることもあるが、切り戻しておくと秋にはまた多くの花が見られる。

ザ・インパクト 3

翡翠《ひすい》色の花を咲かせる

植物名：ヒスイカズラ
・マメ科
・多年草
別名：ジェイドバイン
学名：*Strongylodon macrobotrys*

ヒスイカズラ。
筑波実験植物園にて撮影。

難易度
★★★

大きなヒスイカズラの花。房のひとつひとつの花を見ると、マメ科の植物の特徴がある（右）。ヒスイカズラと同じく珍しい翡翠色の花をつけるラケナリア・ビリディフローラ（左）。

はじめてこのヒスイカズラの花を植物園の温室で見たとき、思わず自分の目を疑ってしまいました。勾玉《まがたま》をたくさんつけたような数十センチの長さはある房が、ぐんぐんと伸びた蔓からいくつもいくつもぶら下がっているではありませんか。

花房の大きさはともかく、一番変わっているのは何といってもこの青碧色の花の色でしょう。一目見たときに花の色らしからぬ色彩に、人は魅せられてしまうのだと思います。それを翡翠の色に見たてた英名がジェイドバインで、和名もそのまま直訳したという感じです。

一度、この特異な花の色に魅せられてしまうと、春のヒスイカズラの花の季節には、またこの翡翠色の大きな房が見たくなって、植物園へと足を運んでしまうのです。

このような色の花は、ヒスイカズラ以外ではまずお目にかかることができません。唯一、ユリ科のラケナリアという球根植物に、同じ翡翠色の花を咲かせるものがあります。ラケナリアは寒さに弱い秋まきの小さな球根で、赤、黄色、緑、紫、白など、カラフルな花を咲かせる種類があります。このうち、「ビリディフローラ」という品種が、ヒスイカズラと同じ珍しい翡翠色の花を咲かせてくれます。

さて、ヒスイカズラはフィリピン固有の植物です。現地のルソン島では開発が進み、残念ながら絶滅の危機にあると聞きます。現地では木の高さは二十メートル以上、花房も一・五メートルにもなるといいますから、露地もののヒスイカズラは日本の温室で見るものより、相当迫力があることでしょう。一度、この目で見てみたいものです。

また、多くの植物の花が昆虫に受精を助けてもらって種子を実らせることができますが、このヒスイカズラは昆虫の代わりにオオコウモリに受精を助けてもらっていることがわかっています。

それでは翡翠の色というのは、オオコウモリの好む色なのでしょうか。しかし、夜行性のオオコウモリに、色が見分けられるとは考えにくいでしょう。逆に昼間は昆虫に見つからないような色をしていて、受精を手伝ってくれるオオコウモリのために蜜を取っておいているのかも知れません。夜行性のオオコウモリが、ヒスイカズラの蜜を求めて闇に包まれたジャングルを飛んでいる姿を想像してみてください。

この独特の花色と姿は、日本の植物園では好まれているようで、オオオニバスと同様に温室のある植物園ではたいてい栽培をしています。やはり、インパクトのある独特の青碧色をした花は、見る者に驚きを与えてくれるので、オオ

コウモリだけでなく、入園者も引き寄せてくれるようです。ただ、日本の植物園では受精の手伝いをしてくれるオオコウモリがいないので、ヒスイカズラは滅多に実をつけることがないそうです。

お取り寄せの仕方

ヒスイカズラの花の時期は、3〜4月頃。筑波実験植物園、とちぎ花センターをはじめとして、多くの植物園の温室で見ることができる。

ラケナリアはユリ科の球根植物で、日本ではまだあまり馴染みがないが、花色は、赤、黄色、緑、オレンジ、ピンク、紫、ブルー、白など非常にカラフルで、翡翠色の花を咲かせてくれるのは「ビリディフローラ」という品種。

筑波実験植物園
茨城県つくば市天久保4-1-1
tel. 029-851-5159（代表）
http://www.tbg.kahaku.go.jp/

とちぎ花センター
栃木県下都賀郡岩舟町大字下津原1612
tel.0282-55-5775
http://www.florence.jp/

育て方のポイント

温室があれば、ヒスイカズラを育てられなくもないが、小さな温室では大きな花房は望めない。やはり、ヒスイカズラも植物園に見に行くのがよさそう。

代わりに、翡翠色の球根植物ラケナリアの栽培はいかがでしょう。秋まきの小さな球根で、水をやりすぎると腐りやすく、耐寒性も強くないため、鉢植えにして室内で育てる。花もちがとてもよくて、1カ月ぐらいは楽しめる。

巨大カボチャコンテスト開催

植物名：カボチャ“アトランティック・ジャイアント”
・ウリ科
・一年草
学名：*Cucurbita maxima var. Atrantic Giant*

2004年の浜名湖花博で
飾られていたもの。

難易度
★★★

ハローウィンに飾るカボチャは、ペポカボチャと呼ばれる種類。78頁で紹介した素麺カボチャもペポカボチャの仲間。

「お～きいことは、いいことだ♪」というチョコレートのCMソングが昔ありましたが、大きなものに対する憧れというのは、誰にでもあるのだと思います。ここに登場するのは、超巨大カボチャ。その名もアトランティック・ジャイアントです。テレビ番組やニュースに取り上げられることも多いので、巨大なオレンジ色のカボチャを、どこかで一度は見た覚えがあるのではないでしょうか。

パンプキンパイを作ることもできるようですが、もともと飼料用のカボチャで、アメリカではこの品種を使った巨大カボチャコンテスト世界大会が毎年行われています。いまのところ、その世界記録は二〇〇四年にカナダ・オンタリオ州のアラン・イートンさんが、前年の六二八キロの記録を破ってつくった六五六キロです。世界記録として公認されるには、色がオレンジ色、穴が開いていないなどの基準があり、穴が開いてしまった非公式記録ならば、六六一キロがあるそうです。ここまで大きくなると自身の重さのために果実が平たくなって、フォークリフトでもないことにはとても移動させることができません。

日本でも、小豆島で開かれるどてカボチャ大会が有名で、かつて小豆島の大会で優勝したカボチャが、一九九八年の世界大会でも優勝したこともあり、日本の栽培技術も捨てたものではありません。

このときの記録は四三九・五キロで、二〇〇四年の記録が六二八キロですか

ひょうたんにも、いろいろな種類がある。

ら、ここ数年で巨大カボチャの世界記録が大きく伸びているのがわかります。

また、見た目のインパクトが強いので、全国各地のイベントにも使われているらしく、小豆島以外でも日本全国あちこちで巨大カボチャコンテストが行われています。わたしもかつて一度作ってみたこともありますが、そのときできたカボチャはせいぜい二十キロあるかないかでした。巨大カボチャ手強しという感じです。

欧米では、巨大カボチャのほかにも、巨大タマネギ、巨大キャベツなど巨大野菜コンテストが盛んに行われており、アトランティック・ジャイアントのように、コンテスト専用の巨大野菜の種子が販売されているようです。

また、和風なものとして、ひょうたんをつくってみるのはいかがでしょう。かつて、さまざまな容器に使われたひょうたんには、いろいろな種類があります。小さな千成びょうたんは、栽培も比較的簡単で小さな実をたくさんつけ、初心者向けといえるでしょう。大きなものは、太閤や天下一と呼ばれる品種があり、高さも五十センチを超えるほどになります。また、長くなる品種には、大長というものがあります。

いずれにしても、大きく育てるにはカボチャ同様に土作りから丹精しなくてはなりません。また、収穫のあと、水につけて中を腐らせて種を出して加工する必要があり、これがかなり強烈な悪臭を放つので、近所迷惑にならないようお気をつけください。

お取り寄せの仕方

大手種苗会社の通販などで、「アトランティック・ジャイアント」という品種名で販売。1袋数粒で300円程度。

ひょうたんは、千成びょうたんなどいくつかの品種は、市販されているが、巨大なものや形の変わったものなど数多くの種類があり、ジャンボひょうたん会に入会するとそれらの種子を入手できる。

サカタのタネ
http://www.sakataseed.co.jp

タキイ種苗
http://www.takii.co.jp/

ジャンボひょうたん会
http://www8.ocn.ne.jp/~yyotsuki/

育て方のポイント

TV番組の「ザ！鉄腕！DASH!!」でも挑戦されていた巨大カボチャですが、記録を出せるような巨大カボチャを収穫するには、肥沃な土地で、丹精込めて世話をして育てることにつきる。あとは、経験でしょうか。じっくり取り組みましょう。

また、ジャンボひょうたん会では、ひょうたんの栽培方法などもていねいに紹介している。

巨大カボチャコンテストのHP（英文）
http://www.pumpkinfest.org/

オーストラリアのアデレード植物園内にあるレトロ風な温室。
アデレード植物園
http://www.environment.sa.gov.au/botanicgardens/Home

コラム7

植物園へ行こう

植物園へは、きっと誰もが小学校の遠足などで一度は訪れたことがあるでしょう。大人になってからはどうでしょうか、最近植物園に行ったことがありますか。

わたしは植物が好きなので、植物園で珍しい植物を見かけるだけで、とてもワクワクして元気が出てきます。リハビリなどに応用されている園芸療法もあるようですから、植物には人の心を癒したり、和ませたりする力があるのは確かなようです。ちょっと仕事に疲れたときに、たまには植物園へ出かけて元気をもらってくるのもいいでしょう。それも、もし平日に休みを取ることができるのなら、混雑していない植物園を訪れるのには最適の時間です。広い植物園なら、大きな樹木もあって森林浴の効果も期待できるかも知れません。

家庭では栽培が難しい植物、あるいは大きな熱帯植物などを観ることができるのも、植物園ならではです。熱帯果樹のバナナの花、幹に直接実をつけるチョコレートの原料カカオ、巨大なタビビトノキや、珍しい蘭の数々、本書で紹介したヒマラヤの青いケシやオオオニバス、ヒスイカズラ、奇想天外などもそうです。お気に入りを見つけて、ときどき様

英国ロンドン・キュー植物園の
カラフルな夏花壇。

同じくキュー植物園の
有名なシンボル的大温室。
キュー王立植物園
http://www.kew.org/japanese/

子を見に行ってやりましょう。

また、季節ごとに展示会も開催され、夏なら早朝から朝顔展——園によっては、変わり咲き朝顔を展示されているところもあるので、写真ではなく、実物を一度目にされることをお勧めします。癒されるだけでなく、好奇心も強く刺激されることでしょう。ありがたいことに、日本には250以上もの植物園があります。今度の休みに出かけてみませんか。

海外に出かけたときにも時間があれば、やはり植物園を訪ねてみることをお勧めします。たとえば、ロンドンで自由になる時間が一日あれば、郊外にあるキュー植物園を訪ねてみるのはいかがでしょう。広大な敷地はとても一日で回り切れませんが、イングリッシュガーデンの歴史がすべて詰まっています。また、なによりその国特有の植物にお目にかかることができるので、オーストラリアやニュージーランドを訪れたときには、カンガルーやコアラに匹敵する珍しい南半球の植物にも会いに出かけてください。

8

野の花

人類が高度に改良を加えた園芸植物は、
その究極の姿で人を魅了するものですが、
その一方で自然のままの、あるいは
ほんのわずかしか人の手が加わっていない野の花たちも、
別の意味で人の心をとらえてはなしません。

日陰でも映える
ユキノシタの仲間たち

植物名：ユキノシタ
・ユキノシタ科
・多年草
別名：虎耳草
学名：*Sxifraga stolonifera*

ユキノシタ、ツボサンゴ、ティアレラなどの
いろいろな葉っぱ。

難易度
★

愛らしいユキノシタの花（右）、大文字草の品種「伊予白翠」（左）。

日陰の庭に植える植物というと、どうしても限られてしまうものですが、そのなかで、ユキノシタは湿った日陰の場所でよく増えてくれる丈夫な植物です。条件がよければイチゴのようにランナーという茎をどんどん伸ばして、その先に新しい子株ができます。やがてユキノシタがびっしりと生えて群生株となることでしょう。

このユキノシタ、実は薬草としても知られていて、漢名の「虎耳草」というのは細かい毛がたくさん生えたまだらで丸い葉っぱを虎の耳に見たてたことによります。

古くから耳の薬として知られていたようで、中耳炎には葉っぱをすり下ろして、ガーゼでしぼった搾り汁を耳の穴に垂らしてやると、これが不思議と治るのです。うちの子どもも何度か中耳炎にかかって、夜中に痛みだして朝まで待てないときに、庭のユキノシタの葉っぱを何枚かちぎってきて、搾り汁をつくってしのいだことがあります。やはり、昔から知られていただけあって、効き目は確かでした。また、やけどにも効くようで、葉っぱを火であぶって患部に貼るといいらしいです。

そのほか、精進料理として葉っぱを天ぷらにして食べると美味しいと聞きます。まだ試したことはありませんが、ランナーで株を増やして、ひとつ挑戦し

ユキノシタの斑入り品種「御所車」（右）、花も葉も美しいティアレラの品種「アイアンバタフライ」（左）。

てみたいものです。

ユキノシタの花は、春から初夏にかけて咲きます。そのひとつひとつは小さな花で、五枚の花びらのうち、下の二枚が大きく、上の三枚には小さな赤い斑点があり、近寄ってみると何とも愛らしい花をしています。

このユキノシタの仲間に、大文字草があります。五枚の花びらを漢字の「大」の字に見立てて、そんなふうに呼ばれています。大文字草には、さまざまな改良を加えられた数多くの品種があります。花の色も紅いものから白いものまで、また花びらも切れ込みが入ったり、八重咲きになったりと、もはや「大」の字には見えない花を咲かせる種類もあり、いまなお新品種がつくられているのです。

花を改良した大文字草のほかにも、葉っぱに白い斑が入る「御所車」というユキノシタの園芸種もあります。これは、花の時期でなくとも葉っぱが美しく、鉢植えやロックガーデンに向いています。

葉っぱの美しさをいうのであれば、同じユキノシタ科の仲間で北アメリカ、メキシコ原産のヒューケラ（和名ツボサンゴ）やティアレラも負けてはいません。こちらは、白い斑入りばかりでなく、琥珀色をした葉っぱのもの、白地に緑の斑点の入るもの、緑に黒い斑の入るものなど、人目を引く品種がたくさんあります。また、葉っぱの模様だけでなく、花の色も淡いピンクや真っ赤な花を咲かせる品種があり、日本ではまだあまり知られていませんが、日陰向きの植物としてオススメです。

お取り寄せの仕方

最近はホームセンターなどでもヒューケラは入手できるが、たくさんの品種から選ぶには、おぎはら植物園のような山野草の通販店から購入したい。1株600～1000円。

大文字草は、「季節の花 花心」などで扱っている。値段もヒューケラと同程度。

おぎはら植物園
http://www.ogis.co.jp/

季節の花　花心
http://www.kashin.jp/

育て方のポイント

ユキノシタは湿った日陰が適しているが、ヒューケラは湿り過ぎもよくないようで、午後は日陰になるような（強い陽射しは禁物）場所で、水はけがよくて、保湿性のある土壌を好む。

ユキノシタの仲間は丈夫で耐寒性も強く、ともに手間いらず。

野に咲く花に
引き寄せられ

植物名：野の花

・一年草～多年草

ちょっと小鉢に植えてみるのも
風情があります。
ヒメジオンとキキョウソウの寄せ植え。

難易度

ー

ネジバナ（右）。右巻きと左巻きがある。セイタカアワダチソウ（左）。

アレチノギク、セイタカアワダチソウ♪、ブタクサ、キキョウソウ♪、ハキダメギク、ハマスゲ……♪♪ と、雑草の名前が延々と歌詞になっている曲があります。

大島弓子さんのマンガ『綿の国星』のイメージアルバムの中の一曲、「眠れない夜」の一番です。二十年ほど前、作者の大島弓子さんの書かれた歌詞に、ムーンライダースが作曲したもので、そのあまりに印象的な歌詞がどこか頭の中にこびりついてしまっていて、セイタカアワダチソウを見かけたときには、ついつい口ずさんでしまいます。ちなみに、この曲の二番では虫の名前が延々と続きます。

曲中に登場するセイタカアワダチソウですが、帰化植物で繁殖力が強く、あちこちの空き地にはびこるので、花粉アレルギーの濡れ衣を着せられていた時期があり、あまりイメージがよくないのですが、実はそれほど花粉を飛ばさないこともわかってきました。秋になるといっせいに黄色い花を咲かせる姿を見ると、意外ときれいな野の花なのです。

珍しい植物のお取り寄せは魅力的ですが、ときにはこちらが野に咲く花に引き寄せられてみるというのはいかがでしょう。お金もかかりませんし、天気のよい春先や秋口に、デジカメを片手にぶらりと出かけるのが理想的です。

ヤブガラシ。蟻の姿が見える。

ヒメジオン。

デジカメを持って出かけるのには、理由があります。ふつうのカメラと違って、デジカメならかなりの接写ができるからです。おそらく、マクロ機能がついていて、被写体から数センチのところまで近寄って撮れるはずです。最近は小型のデジカメでも、かなり高解像度の画像が撮影できるので、あとからパソコンの画面で見ると、目で見るよりもはるかに細かく花の詳細を見ることができます。その場では気がつかなくても、意外な発見もあります。

たとえば、タンポポの綿毛の毛が何本あるかまで、あとで数えることも可能です。熟すとはぜて種をとばすカタバミの実には、細かな毛がたくさん生えているのがわかりますし、プチプチが無かった時代に詰め物に使われて全国に広がったというシロツメクサやアカツメクサの花も、ひとつひとつを見れば豆の花なのだなぁとわかります。やたらとつるを伸ばし、はびこって困るヤブガラシも、夏になるとピンク色をした小さな花をたくさん咲かせます。そこにアリが寄ってきているところをみると、たぶん甘い蜜を出しているのだろうと想像できます。

そのほか、美しいピンクの螺旋をえがくネジバナ。自然の不思議なのでしょうが、よく見てみると右巻きと左巻きの花があることに気がつきます。小さなニワゼキショウの花にも、赤っぽい花から青っぽい花まで、花の色に幅がある

『ヤマケイポケットガイド① 野の花』（山と渓谷社）。持ち運びに便利な手軽なポケットガイド。

キキョウ

のがわかります。白くて清楚な感じのヒメジオンの花の花びらの数だって……

いえいえ、たとえ花の名前がわからなくったってかまわないんです。

デジカメで撮っておけば、あとから植物図鑑と照らし合わせて、あぁこれはこんな名前だったのかと調べるのも簡単。ポケット図鑑を持ち歩くのもまたよし。文明の利器を、記憶補助装置として利用し、さあ花誘う散歩に出かけましょう。

＊ほかにも、関東地方で見られる野の花には、いろいろあります。１６６頁のコラム、野の花散歩を参照してください。

シーボルトも愛した ギボウシ

植物名：ギボウシ
・ユリ科
・多年草
別名：ホスタ
学名：*Hosta* sp.

難易度
★

フレグラントブーケ（右）と、香りの良いタマノカンザシの花（左）。

ユキノシタ（138頁）と同じく、半日陰の庭に適した植物にギボウシがあります。少し地味な印象を持っている方もおられるかも知れませんが、欧米では学名からホスタという名前で親しまれています。アメリカでは人気があって、ギボウシ専門のホスタ協会まで設立されています。分類と品種改良が進んで、毎年たくさんの品種が育成され、登録品種だけでも千を超えるほどです。

しかし、アメリカでかなりの人気のこのホスタ、実は東アジア原産の植物なのです。特に日本には主な原種が自生しており、日本を代表する植物といっても過言ではありません。かのシーボルトも、ギボウシを愛したと言われており、一八三〇年にそのシーボルトの手によってオランダの植物園で初めて海外に紹介されました。それがきっかけとなって、やがてアメリカで人気が出て、盛んに品種改良されるようになったようです。

もちろん、日本でも見捨てられていたわけではありません。ギボウシを観賞した記録は、平安時代にまでさかのぼり、京都の庭園に植えられたのが始まりとされています。その後、江戸時代中頃から、鉢植えに向く小型で斑入りの品種などが栽培されるようになりました。変わり咲き朝顔などと同様に、江戸の天下太平の時代に、ギボウシの園芸文化も花開いたのです。

日本人の好みからいうと、やはり小型で斑が入り、ちょっとした鉢植えにし

ストライプティース（右）と、パトリオット（左）。

て鑑賞するようなな品種がよいのでしょう。侘び寂びの世界と申しましょうか、江戸時代から伝わる代表的な「文鳥香」という品種は、濃い緑に白の縁取りで、葉の長さもせいぜい十センチくらいのものです。

これに比べて欧米で作出された品種は、庭植え（それも欧米の家の広い庭です）を前提としているためか、葉の長さが五十センチ近くにもなる大型のものまでつくりだされています。

斑の入り方にしても、日本の品種の侘び寂びな感じと比べると、ビビッドな感じで鮮明に入るものが多く、葉色もブルーやライムなどがあり、最近では三色の斑入りになる品種まで出てきています。「ダイヤモンドティアラ」「パトリオット」「フレグラントブーケ」「ストライプティース」「ナイトビフォークリスマス」などといった品種名が付けられて、すっかり欧米向けの園芸品種になってしまっています。

このように、葉っぱも美しいのですが、初夏になると白や淡い紫色の花を咲かせます。なかには、「タマノカンザシ」と呼ばれる品種のように、とてもよい香りを放つものがあります。

もともと、日本を含めた東アジアが原産ですから、日本の気候に適しており、栽培は難しくありません。日本古来の品種もいいですが、シーボルトが愛して海外へ持ち出し、欧米で品種改良の手が加えられて里帰りしたホスタを、この手で育ててみるのはいかがでしょう。

お取り寄せの仕方

最近では、日本でも人気が出てきており、ホームセンターでも見かけるようになったが、たくさんの品種の中から好みのものを選ぼうと思えば、おぎはら植物園などの専門店からの通販がオススメ。欧米の人気品種も、販売している。値段は400〜2000円程度。

おぎはら植物園
http://www.ogis.co.jp/

タキイ種苗
http://www.takii.co.jp/

育て方のポイント

午前中だけ日が当たるような、半日陰が最適。あまり日陰では葉の色がきれいにならず、逆に夏場の長時間の直射日光は葉が焼けてしまう。鉢植えの場合も、同じようなところに置くとよい。

多年草だが、冬場は葉が枯れて、春になるとまた芽吹いてくる。冬の間は、鉢植えも戸外で寒さにあてること。肥料は、よほど痩せた土地でなければ必要ない。

ホスタ協会（英文）
http://www.americanhostasociety.org/

八重咲きの柏葉（カシワバ）アジサイ
普通のアジサイより花房が長く伸び、ボリュームがある。

アジサイ「フラウ・ヨシコ」
ピンクに白の覆輪、花びらがフリルのようでかわいい。

コラム8

日陰の美……シェードガーデン

植物を育てようと思うと、どうしても日当たりが気になってしまいがちです。もちろん、多くの植物には日当たりが大切で、日陰だと花数が減ったり、軟弱に育ったりと、問題があるのも確かです。しかし、あきらめることはありません。日陰好きの植物をうまく選べば、粋なシェードガーデンを愉しむことができます。

シェードガーデンなどと片仮名で言わなくても、日本庭園では昔からコケの美しさをめでていますし、ほかにもシダ類や、日陰の庭でよく見かけるヤツデやアオキ、ナンテンなどがあります。さすがにそれではちょっと地味すぎる感じもあるので、ここではもう少し色のあるものをご紹介しましょう。

まず、ひとつはアジサイです。ちょうど梅雨の頃、雨にあたって咲く姿はなんともいえません。ふつうの水色やピンク色のアジサイもいいですが、青色や紫色をしたガクアジサイや、大きく伸びた花房に八重咲きの花を咲かせるカシワバアジサイ、日本で品種改良されたかわいい縁取りのある新しいタイプのアジサイ・フラウシリーズも魅力的です。

最近は、ヤマアジサイも品種改良した交配種が作られており、なかに

ツワブキの園芸品種「天星」
葉っぱに、黄色い点が星をちりばめたように出る。

ガクアジサイ「城ヶ崎」
ガクアジサイも八重咲きの品種だと、また違った感じで新鮮。京都府立植物園にて撮影。

は京都府立桂高等学校で高校生が原種から交配して作り出した品種もあります。品種名も「ちちんぷいぷい桂の地球《ほし》」「桂のロクメイカン」「ニユーバース桂」「ピクシー桂の舞姫」など、一度手にとってみたくなるようなものばかりです。

あとは、１３８頁でも紹介したユキノシタの仲間で花の美しい大文字草やヒューケラ、また１４６頁で紹介した葉っぱに模様の入るギボウシやツワブキがあります。花のない時期でも葉っぱを楽しめるものが多く、花が咲けば派手さはないものの目をひくものです。また、西洋風ならクリスマスローズという手もあります。

日陰とあきらめずに、環境をうまく活かしてみてはいかがでしょう。

＊タキイ種苗、おぎはら植物園、季節の花　花心のＵＲＬは巻末データ参照。

9

花壇自慢

となりの芝生は青いといいますが、
やはりとなりの花壇と比べても
何かちょっと自慢したくなるものを植えたいものですよね。
そんなときこそ変わった品種を取り寄せて、
あっと驚く自慢の花壇をつくりましょう。

夏花壇の女王

植物名：ひまわり
・キク科
・一年草
別名：サンフラワー
学名：*Helianthus annuus*

赤いヒマワリの代表的な品種
ベルベットクイーン

難易度
★

二色咲きのジョーカー（右）、細い花びらのステラゴールド（中）は花粉が出ないので切り花にも向いてます。矮性で八重咲きのテディベア（左）。

家の花壇やプランターには、やはりご近所とはちょっと違った草花を植えて、人目をひいてみたいというのは、誰しも思うところでしょう。そうかといって、あまりに珍しい植物ではうまく育てられるか自信がありません。

そこで、夏花壇ならぜひまいてみたいのが、最近いろいろな品種が出回りはじめたヒマワリです。ヒマワリなら、小学生の頃に一度は育てたことがあるでしょうし、栽培もとてもやさしいので、ちょっと変わったヒマワリがあるというなら好都合です。

一昔前のヒマワリというと、それこそ太陽の申し子のように黄色い花びらで、一株に大きな花が一輪咲くという感じでしたが、品種改良された最近のヒマワリはけっこう進化しています。

目をひきたいなら、まずは赤いヒマワリはいかがでしょう。代表的な品種としては、海外で品種改良された「ベルベットクイーン」や「プラドレッド」があります。真っ赤というよりは、赤褐色から少しチョコレート色がかった感じで、黄色いヒマワリを見慣れた人には、ちょっとした驚きです。さらにオレンジ色の花を咲かせる「ソラヤ」、淡いライムグリーンの「ジェイド」など、変わった色の新品種が続々と作られています。

また、二色咲きの「ジョーカー」や「フロリスタン」も人目をひきます。赤

大きな食用ヒマワリ（右）、ヒマワリといっしょに夏中咲き続けるメランポジウム（左）。

いヒマワリも含めて、これらの品種の多くは枝がたくさん出る性質があり、一株から一輪だけではなく、たくさんの枝につぎつぎと花を咲かせてくれるので、長い間楽しむことができます。

サカタのタネからは「画家シリーズ」として、ゴッホのひまわり、ゴーギャンのひまわり、モネのひまわりが売り出されています。咲いてみると、確かにゴッホが描いた有名なヒマワリによく似ていたり、モネならこんなふうに描くかなという花が咲くので、なかなかおもしろいです。

大きなヒマワリを咲かせてびっくりさせたいという人には、食用ヒマワリがオススメです。草丈は二メートル近く、花径も三十センチを超えるほどになります。タネが実ってくると、その重さで頭が垂れてきます。タネが収穫できれば炒って食べることができますが、野鳥が早朝からめざとく狙っていて、先に食べられてしまうかも知れません。

逆にプランター向けには、草丈が三十～四十センチぐらいしかない矮性の品種の「ビッグスマイル」や、芯の部分まで花びらになった八重咲きの「テディベア」などがいいでしょう。そのほか、アレンジメントには切り花用に花粉が出ない品種も作られていますので、カタログで確かめてみましょう。

夏花壇には、このちょっと目をひくヒマワリをメインに、あとは暑さや乾燥に強いジニア（百日草）や、メランポジウム、サンビタリアなどの草花をあわせて植えてやれば、猛暑にも負けず、夏の間ずっと花を楽しむことができるので、ここ数年我が家の定番となっています。

サカタのタネの画家シリーズ「ゴーギャンのひまわり」「モネのひまわり」。

お取り寄せの仕方

大手種苗会社をはじめ、いろいろなところで購入可能。1袋200～300円程度。サカタのタネの「画家シリーズ」をはじめ、たくさんの品種があるので確認のこと。

サカタのタネ
http://www.sakataseed.co.jp

タキイ種苗
http://www.takii.co.jp/

国華園
http://www.kokkaen.co.jp/

育て方のポイント

発芽適温が20～25℃なので、暖かくなってからまくこと。日当たりを好み、大きくなってからの植えかえは嫌うので、花壇に直接まくか、ポットにまいて根を傷めないようにして、大きくならないうちに定植する。大きくなる品種では、株間を50センチ以上はとって十分に肥料を与える。プランター向けには、草丈の低い矮性品種が適する。

冬花壇を彩るスミレ

植物名：パンジー、ビオラ
・スミレ科
・一年草
別名：三色スミレ
学名：*Viola* sp.

ひとときわ目をひく
ビオラ・エンジェル タイガー アイ

難易度
★（苗から）～★★（タネまきから）

これまでなかった色合いのビオラ・ミニオラ ハート アイスブルー（右）、オレンジの際だつビオラ・オレンジクイーン（中）、宿根性のビオラには変わったかすり模様の花もある（左、品種名コルビネ）。

昔は「三色スミレ」と呼ばれていて、植物園の花壇などによく植えられていたパンジーやビオラですが、ヒマワリと同様に、近年新しい品種が続々と登場しています。特に、ビオラにパステル系や縞模様などの新しい花がたくさん加わりました。

また、昔の品種は春になってからでないと花をつけなかったのですが、最近の品種は秋のうちから花を咲かせ、日当たりがよければ冬の間も花をつけ、さらには梅雨前まで半年近くもずっと咲き続けてくれて、とても花期が長くなっています。

このようなすばらしいパンジーやビオラなしで冬花壇を作ることはできません。そして、ちょっと変わった品種を植えてやれば、花の少ない冬場から初夏まで目をひくことは間違いないでしょう。

大きく分けて、花にブロッチの入るタイプ（白や黄色の花びらの中心に黒い斑が入るようなオーソドックスなタイプです）と、ブロッチの入らない単色のすっきりしたタイプがあります。ビオラでは、ブロッチの代わりに中心部にひげのような模様が入るものがあります。最近の品種はこれに加えて、五枚の花びらの上二枚と下三枚の花色が違うもの、花びらに覆輪が入るもの、そして、桃色などパステルカラーの色調のものができて、これらの組み合わせで、いろいろな花壇が

最近ではタイムラグ無しで海外の最新品種が苗ものとして出回るようになってきたので、わざわざ海外からタネを入手する必要は無いかも知れない。

演出できます。

いくつかわたしのお気に入りをあげてみると、まず最近パンジーにもビオラにも増えてきたオレンジ色の花を咲かせる品種です。ブロッチのないすっきりしたオレンジ色の花は、春先のまだ寒い時期に暖かな雰囲気を醸し出してくれます。

つぎに、これはびっくり、ぜひ育ててみたいというのが、「エンジェルタイガーアイ」という黄色い花びらに黒の縞というか、網目模様が入るビオラです。この品種の写真を初めて見たとき、「おぉ、これは」と思わず声を上げてしまい、しばらく探したのですがその年は入手できず、昨年ようやく苗販売の組物（六品種十二株のうちの一品種）として手に入れ、現物をこの目で見ることができました。そして、今年は種子の入手に成功。珍しい新品種は、出始めはタネの販売はなく、苗として出回っていることが多いようです。

ほかにも、紫の細い覆輪に淡くレモン色のさす「レモンスワール」や日本で品種改良された桃色花の「ももの」「ミニもも」といった品種など、これまでにない色調に心うばわれそうです。

また、花模様が絞り染めや、かすり模様になるビオラも出回りはじめました。これは、タネから育てるビオラとは別の種類で、宿根性ビオラと呼ばれています。花色としては紫系が多く、まだふつうのビオラほどバリエーションはありませんが、やはり花模様が魅力的です。

冬の寒さには強いですが、宿根性とはいえ夏の暑さは苦手なので、植えっぱなしにせず、直射日光は避けて涼しいところに避難させてやりましょう。

お取り寄せの仕方

大手種苗会社をはじめ、種子はいろいろなところで購入可能。1袋200～300円程度。新品種では、苗の販売のみの場合もある。こちらは、1株200～400円程度。数品種で組み物販売になっていたりする。人気品種は売り切れも早いので、早めに通販で予約すること。また、パステル調の品種では、けっこう色幅がある。

サカタのタネ
http://www.sakataseed.co.jp

タキイ種苗
http://www.takii.co.jp/

育て方のポイント

初冬から花を咲かせようとすると、8月にはタネまきをする必要がある。しかし、発芽適温は20℃程度と低いので、真夏にうまく発芽させるのが難しい。

また、タネも小さいので、覆土はせずに発芽させ本葉が二、三葉出たところで、ポットに仮植。ここまでできれば、あとは簡単です。初心者は、通販かホームセンターでポット苗を買うのが無難。

京都パンジー通信
http://kyoto.pansy.mepage.jp/
（画像もたくさん）

天使のイヤリング

植物名：フクシア
・アカバナ科
・多年草
別名：ホクシア
学名：*Fuchsia sp.*

難易度
★★

ロンドンで見かけた庭のフクシア（右）とハンギングバスケット（左）。

夏のイギリスを訪れると、公園や各家庭の庭に花があふれているのはもちろんですが、街中に花があふれているのに驚かされます。それは、街角にあふれるハンギングバスケットのおかげなのです。

花屋さんの店先はもちろんのこと、多くの店の軒先――それも車や人通りの多い交差点のようなところに、にぎやかなハンギングバスケットがかかってて、目を楽しませてくれます。ロンドンなら、パディントン駅の近くにも、グリニッジの街角にも、ベイカーストリートにも。案外パブの店先にすばらしいハンギングバスケットが並んでいたりするものです。

また、英国の園芸カタログには、特にバスケット用の植物がまとめて紹介されているくらいです。ロベリア、ペチュニア、ベゴニア、パンジー、インパチエンス……そして、ハンギングバスケットに欠かすことのできない植物が、このフクシアなのです。

天使のイヤリングにたとえられるその花は、ハンギングバスケットから伸ばした枝先に、次から次へと、白や赤や紫のがくと花弁の色のコントラストを見せてくれます。花弁も、八重咲きでボリュームのある大きな花を咲かせるもの、一重咲きで小さいながらすっきりとした花をこぼれんばかりに咲かせる多花性のもの、と品種によって個性があります。

花びらが八重咲きだと、ボリュームがある。

そんな魅力的なフクシアですが、真夏でも二十℃そこそこの涼しいイギリスの夏に適した植物だけあって、日本の三十℃を超える暑い夏は、かなり苦手な様子です。昨日まで、可憐な花を咲かせてくれていたフクシアの株が、三十℃を超える熱気に一日当たっただけで、突然元気をなくして枯れてしまうということも、まれではありません。

特に、大株は暑さのダメージを受けやすいようです。そこで日本の蒸し暑い夏を何とか無事に越す方法として、春先に新芽を挿し木して小株をつくり、日陰の涼しいところで夏越しさせる手があります。これではイギリスのように夏に花を見ることはできませんが、春秋の時候のいい季節には、可憐な花を咲かせてくれます。寒さに対しては、5℃以上あれば緑のまま冬を越すことができるでしょう。

また近頃、サントリーの花部門*が、日本向けに従来の品種より暑さ寒さに強い「エンジェルス・イヤリング」という品種を作り出しているので、これを手に入れて楽しむのも一つの方法です。

フクシアの品種の中には、ハンギングバスケット向けに枝が垂れるもののほかに、立ち性の品種もあり、釣り鉢でなくふつうの鉢植えにして楽しめるものもあります。英国の庭先では、このような立ち性のフクシアがよく地植えにされていて、大きな庭木になっているものも見かけます。

庭木にするのは難しいとしても、フクシアを入れた英国風のハンギングバスケットをつくって、玄関を飾ってみたいものですね。

＊サントリーの花部門　http://www.suntory.co.jp/flower
前述の青バラ開発のほかも、サフィニア、花手毬、ミリオンベルなどホームセンター向けに手軽に楽しめる草花を開発中。エンジェルスイヤリングもそのひとつ。

お取り寄せの仕方

ようやく、日本でもポピュラーになってきて、ホームセンターでも苗を見かけるようになった。「エンジェルス・イヤリング」も、ホームセンターなどで販売されている（販売時期は4～6月頃）。暑さ寒さに強いとはいっても、過信はしないように。また、大手種苗会社の通販でも入手可能（1株400～1000円程度）。

花の館
http://www.interq.or.jp/green/hananoya/

タキイ種苗
http://www.takii.co.jp/

育て方のポイント

夏涼しく、冬はそれほど寒くない英国の気候に適しているので、日本の夏の暑さと冬の寒さが苦手な、ちょっとぜいたくな植物。大株の夏越しは難しいので、春先に挿し芽をして小株をつくり、日陰の涼しいところで、夏を乗り切るなどの工夫が必要。
「フクシアの愉しみ」に、画像集、くわしい栽培法などがある。

フクシアの愉しみ
http://www.fuchsia.jp/

コラム9

野の花散歩

関東地方でごく普通に見られる野の花です。わたしが散歩がてらに、デジカメで撮影したものですが、いくつ名前がわかるでしょうか。ほんのちょっとした空き地にも生えていることがあって、その生命力にも驚かされます。

シロツメクサ

荷物の詰め物としてオランダ船に乗って、江戸時代に日本にやってきたという。いまでは、広く全国で見られる。

スミレ

万葉集の歌にも登場することから、古くから日本にある。暖かな陽射しを浴びて紫色の花を咲かせる姿は、春の訪れを知らせる。

ムラサキカタバミ

中国では「酸漿草」と書き、葉にシュウ酸を含むので噛むと酸っぱい。実は小さなロケット状で、熟れるとはぜて遠くまで種子を飛ばす。

エノコログサ
別名の「猫ジャラシ」の方が通りがいいかも知れない。穂を逆さに握ってにぎにぎして遊んだ人も多いのでは。

ニワゼキショウ
アヤメの仲間。5〜6月に咲き、白花もある。河川敷の運動場などで大群落が見られることがある。

ドクダミ
半日陰のやや湿り気のある空き地などに群生する多年草。独特の臭いがあり、薬草としても使われることで有名。

オオイヌノフグリ
春、まだ寒いうちから小さな花を咲かせる。陽がさすと開き、一日で散ってしまう。フグリとは、「陰嚢」の意（果実の形から）。

カラスノエンドウ
種子が黒いのをカラスに見たてたという。熟れてくると、ぱちぱちと音を立てて莢がはぜ、種子を飛ばす。ヤハズエンドウともいう。

ススキ
「尾花」の名前で秋の七草のひとつとして親しまれる代表的な秋の野草。お団子とともに、お月見にはかかせない。

10

エキゾチック

パンダやコアラのように、
異国からやってきた動物園の人気者がいますが、
植物にも最近になって導入された
エキゾチックな植物があります。
最終章ではそんな人気の植物や、
色変わりの花々を見ていきましょう。

エキゾチック1

時計と見るか、
受難の姿と見るか

植物名：トケイソウ
・トケイソウ科
・多年草
別名：パッションフルーツ
学名：*Passiflora* sp.

難易度
★★

黄色い花を咲かせる種類もある。

七月になると、我が家には「夏の味覚」と書かれた緑色の段ボール箱が、屋久島から届きます。箱を開けると、子どもの握りこぶしくらいはある赤ワイン色をした果物がごろごろと入っています。

これは、クダモノトケイソウの生果実——ナイフで二つ割りにすると、たくさんのタネの周りに、ジューシーな果肉、同時にさわやかな香りが広がり、オレンジ色の甘酸っぱい果汁がしたたります。スプーンですくって食べると、これが実にうまい！　我が家に、夏を運んできてくれる果物です。もう少し大きくてひとつひとつ緩衝材にくるまれた高級なパッションフルーツもありますが、たくさん食べたいので、多少小さくても不揃いでも、お徳用の四キロ詰めをふるさと小包で頼んでしまうのです。

さて、英名はパッションフルーツといいますが、パッションというから「情熱」の果物かと思いきや、ここでいうパッションはキリスト教の「受難」を意味するものだそうです。

いまをさかのぼること約四百年前、南アメリカに布教に来ていたスペインの宣教師が、このエキゾチックなトケイソウの花を見て、十字架に掛けられたキリストを連想し、原住民が改宗を待ち望んだ印だと解釈したそうです。

この花のどこをどう見ればキリストを連想できるのかと申しますと、まず五

本の雄しべがキリストが受けた傷、つづいて巻きひげはムチ、真ん中の子房柱が十字架、さらには三つに分かれた柱頭が釘、副冠はいばらの冠、そして五枚の花弁とがくをあわせて十人の使徒を、それぞれ象徴していると解釈したそうですから、なんと勝手なといいましょうか、人間の思いこみはおそろしいといいましょうか、トケイソウにとっては、それこそ受難の命名であったことでしょう。

それにひきかえ、仏教徒の日本人はこの花を時計の文字盤に見たてて、三つに分かれた柱頭は時計の針に見えるというのは、なんと平常なこころの持ち主かと思えてしまいます。

トケイソウの仲間にも多くの種類があり、特に実が大きくなって食用に適するのが、夏の味覚クダモノトケイソウです。ブラジル原産の熱帯果樹なので、日本では奄美大島や沖縄、小笠原などの亜熱帯地域で、特産の果物として栽培されています。熱帯では、つるをぐんぐん伸ばし、栽培は簡単なようですが、日本の多くの地域では防寒対策が必要になります。

クダモノトケイソウ以外にも、真っ赤な花を咲かせるもの、黄色い花を咲かせるもの、花も大振りで派手なもの、いい香りのする花を咲かせるものなど……その香りも、思いもよらないラムネのような香りがします。いずれもつる性で、地植えならフェンスに絡ませるなどして、大きく育てれば花もたくさん咲きますが、鉢植えの場合は朝顔に使うあんどんを使って仕立ててやるとよいでしょう。

お取り寄せの仕方

最近は、園芸店でも鉢であんどん仕立てにしたものを見かけるようになった。大手種苗会社でも、観賞用の美しい花をつけるトケイソウの苗を扱っている（1株1000円程度から）。クダモノトケイソウの実を食べたあとで、タネをまいて育てることも可能。

サカタのタネ
http://www.sakataseed.co.jp

タキイ種苗
http://www.takii.co.jp/

国華園
http://www.kokkaen.co.jp/

育て方のポイント

ブラジル原産の熱帯植物のため、寒さにはそれほど強くない。暖地では、冬場につるは枯れてしまうが、春になればまた伸びてくるので、防寒対策をしてやれば露地でも栽培可能。寒い地域では、露地での越冬は難しいので鉢植えにして冬場は室内で防寒してやりましょう。

オーストラリア独自の植物群

植物名：カンガルーポー
・ハエモドルム科
・多年草
学名：*Anigozanthos manglesii*

カンガルーポーは、ほかにも、真っ赤なもの、黒っぽいものなどの色違いの品種もある。

難易度
★★★

これも代表的なオーストラリアの花プロテア（右）と、カラフルな試験管ブラシのようなフトモモ科の「ブラシの木」（左）。

カンガルーポーはハエモドルム科に属する植物で……などといわれても、ハエモドルムなんて呪文のような言葉は聞いたこともないと思われたことでしょう。それもそのはず、ハエモドルム科の植物は、オーストラリアからニューギニア、南アフリカ、南アメリカにかけて分布する南半球の植物群で、日本にその仲間はないため、学名をそのままカタカナ読みしているからです。カンガルーポーはその代表選手、星空の世界でいえば「南十字星」のようなものでしょうか。

何億年も昔、オーストラリアはゴンドワナ大陸と呼ばれる巨大な大陸の一部でした。やがて大陸は分裂し、約六千万年前にオーストラリア大陸はほかの大陸と切り離されて、それ以降、オーストラリアに取り残された動植物はこの大陸で独自の進化をしてきました。カンガルーポーのほかにも、プロテア、バンクシア、ブラシの木など、オーストラリア大陸でしか見られない植物がたくさんあります。動物でいえば、カンガルーやコアラ、カモノハシ、エミューなどと同じようなものです。

カンガルーポーは、細かな毛の生えた不思議な形の花の先が六つに分かれていて、それを爪先に見たてれば、その名の通り「カンガルーの手（足?）」に見えなくもありません。

英国のプラントハンター、バンクスの名前がついたバンクシア。山火事の時だけ、松ぼっくりのような実がはぜてタネを飛ばすという。筑波実験植物園にて撮影。

オーストラリア南西部を中心に自生しているようですが、最近は品種改良が進んで、花の色は朱色から、赤、黄色、緑、そして黒いものまで、さまざまな品種が作り出されています。近縁種に、もう少し小ぶりなものがあり、こちらは「キャッツポー」と呼ばれています。

こんなカンガルーポーを、ふつうの花屋さんでもよく見かけるようになったのは、ここ十年くらいでしょうか。

シドニーオリンピックのとき、選手に贈られた花束の中に、カンガルーポーが入っていたことを記憶されている方も多いでしょう。鉢物というよりは、もっぱら切り花として日本に輸入されています。ほかにも、切り花として輸入されているものに、先にあげたプロテアがあります。なかでもキングプロテアの姿は、見応えがあるものです。

切り花としてはポピュラーになったオーストラリア南西部原産のカンガルーポーですが、日当たりは好むくせに日本の猛暑は苦手で、過湿にも弱いので梅雨も苦手、さらにそれほど寒さにも強くないということで、残念ながら鉢植えや苗の販売はほとんど見かけることがありません。

しかし、まったく日本での栽培が無いわけではなく、稀に鉢植えが出回ることがあります。もし見かけたときはチャンスと思って、ぜひ手にとって栽培に挑戦してみてください。これから広まっていく未来の植物ということでしょうか。

お取り寄せの仕方

残念ながら、通販なども苗を扱っているところがほとんどない。しかし、日本での栽培が全くないわけではないので、園芸店などに稀に鉢植えが出回ることがある。見かけたときは手に入れて、チャレンジしてみてください。かつてブリティッシュシードの通販で、種子を入手して育ててみたが、いまは扱っていません。カンガルーポー以外のオーストラリアの植物を入手するには、以下の通販サイトがある。

レアプランツジャパン
http://www.page.sannet.ne.jp/chama/
（オーストラリアの花木の販売）

ブリティッシュシード
http://www.britishseed.com/

育て方のポイント

水はけのよい土と日当たりを好むが、日本の暑い夏は苦手なので、夏の間は風とおしのよい明るい日陰で過ごす。また、過湿にも弱いため、雨にもあまり当てないで屋根のあるところで育てる。寒さにもそれほど強くないため、冬場は室内に取り込む。このような手入れが必要であるため、地植えは無理で、栽培は鉢植えになる。

色変わりの花々

植物名：ランタナ
・クマツヅラ科
・多年草
別名：七変化
学名：*Lantana camara*

難易度
★

黄色からピンク、赤へと色変わりするミニバラ「ベビーマスカレード」（右）と、白から紫へと色変わりするビオラ「ソルベYTT」（左）。

思わずはっとして振り返ってしまうような不思議な花色――半球状に集まった小花の咲き始めは黄色く、時間が経つにつれて、花びらの色がだいだい色から濃桃色や紫紅色へと移り変わっていきます。その色の移り変わりから、日本では、シチヘンゲ（七変化）とか、コウオウカ（紅黄花）とも呼ばれています（もっとも、なかには色が変化しない黄色や白色の単色の品種もあります）。

矮性の品種も多く、園芸店では鉢植えにされて売られているので、多年草の草花のように扱われることも多いですが、原産地は熱帯アメリカで、現地では常緑の灌木です。日本でも暖地では一メートル前後にまで成長し、夏から秋までたくさんの花をつけてくれます。また、花だけでなく、葉っぱも楽しめる斑入りの品種もあります。

寒さにはそれほど強くありませんが、性質は強健のため、温度さえあれば、挿し木や種子で簡単に増やせます。そのため、熱帯ではそこらじゅうで繁殖して、観賞用というよりも雑草化して、やっかいもの扱いされているところもあるくらいです。日本の場合は、暖地以外では地植えでの越冬は難しいので、そんな心配は無用です。

それにしても、つぼみから咲いていくにつれて、毎日花の色が変わっていく植物は、魅力的なものです。ランタナ以外にも、色変わりの花をいくつかご紹

介しましょう。

まずは、色変わりのバラの品種です。たとえば、ミニバラの「ベビーマスカレード」は、咲き始めのつぼみの色は黄色く、やがて開いた黄色い花弁の先がほんのりとピンクに染まりはじめ、次第にその色は花びら全体に広がって、最後には赤い花へと変身するのです。このように黄色から赤へと色変わりするバラは他にもあり（63頁に紹介した「錦」のほか「リオサンバ」など）、切り花にして楽しむこともできますが、花束としてプレゼントにする場合はご注意ください。赤いバラの花言葉は「情熱的な愛情」ですが、黄色のバラは花言葉は「嫉妬」や「気まぐれな愛」なのですから。

また、ビオラにも色変わりの品種があります。タキイ種苗から「ソルベYTT(Sorbet Yesterday, Today and Tomorrow)」という品種が販売されており、咲き始めは白色ですが、次第に紫色が濃くなっていくので、一株の中にいろいろな色の花が咲いているように見えます。

最近は、チューリップでも色変わりの品種があり「うつり色」や「移り咲き」チューリップなどと呼ばれて売り出されています。たとえば、「アケラ」という品種は、咲き始めは白い花びらなのですが、日を追うにつれ赤みがさし、ピンク色っぽく見えるときを経て、最後には赤い花になります。ほかにも、咲き

始めは黄色で次第に赤みが差してくる品種などもあり、いずれも毎日見るのが楽しみになる花たちです。

お取り寄せの仕方

　ホームセンターのほか、通販ではタキイ種苗などでランタナを取り扱っていることがあります。

　色変わりバラは63ページに紹介。「リオサンバ」は京成バラ園芸から購入可能（1株1900円）。

　色変わりビオラは、タキイ種苗の「ソルベYTT」（1袋315円）。

　色変わりチューリップは「うつり色」や「移り咲き」チューリップとして、大手通販からも販売されている。

タキイ種苗
http://www.takii.co.jp/

サカタのタネ
http://www.sakataseed.co.jp

京成バラ園芸
http://www.keiseirose.co.jp/

育て方のポイント

　ランタナは熱帯アメリカ原産のため、強光線を好み、高温期によく生育する。日当たりがよいと花数も増える。暖地では冬に落葉するが、地植えも可能。挿し木の適期は5〜7月。茎を5〜7cmほどに切り、1〜2対の葉を残して下葉を落として、清潔な用土に挿す。半日陰において水をやり、発根を待ちます。

　ほかの色変わり植物たちも、栽培はふつうの品種と特に変わりはない。

コラム10

プラントハンター

十九世紀、世界中の珍しい植物を見つけ出し、大英帝国へと集めてくるために、「プラントハンター」と呼ばれた人たちが、世界中に派遣されて行きました。

まだ飛行機のない時代、キャプテン・クックの大航海に同船するような形で、帆船に乗ったプラントハンターたちは、南アフリカの喜望峰を回り、その先はオーストラリアや、インド、はるか遠く日本まで来た者もいました。

異国の地で野山に分け入り、とにかく変わった植物を見つけては種子や株を採集して、再び船に乗って大英帝国へと持ち帰るのです。波しぶきや潮風から植物を守るために、「ウォーディアンケース」と呼ばれる木製の箱も発明されました。

なかには、南アフリカの奥地をハイエナやヒョウに襲われながらも、グラジオラス、極楽鳥花など夥しい数の植物を英国へと送り続け、その後も世界中を転々としたあげく、収集先のカナダで凍死したプラントハンターがいた記録が残っています。そこまで、未知の植物のとりこになっていたのでしょう。

当時は、英国はそれほど植物の豊かな国であったわけではなく、プラントハンターたちのおかげで、世界中から様々な植物が集められ、やがて人々の植物に対する関心も高まりました。また、集められた植物をもとに、今度は育種家たちが次々と品種改良を試みました。おかげで、いまでは世界を代表するガーデニングの国となったのです。

ほんの二百年前には、そうしてひとりの人間の生涯をかけて収集された植物も、いまでは簡単に手に入れることができます。グラジオラスの球根を手に入れるのに、何ヶ月も船に乗ったり、ハイエナに追われたりすることもありません。お茶の間で、種苗会社の通販カタログをみながら注文書に記入するだけです。あるいはちょっと冒険をするなら、ネットサーフィンの波に乗って、世界中に珍しい植物の種子を探し求めることもできるのです。紅茶を飲みながらのお茶の間プラントハンターもいいものだと、文明の進歩にありがたさを感じる瞬間です。

参考文献：「プラントハンター」白幡洋三郎　講談社選書メチエ

ウォーディアンケース

あとがき

まずはこの本を手にとってくださった方、ありがとうございます。

何かお気に入りの植物は見つかりましたか。あるいは、もう手に入れられたでしょうか。もしそうであれば、いっしょに「ひみつの植物」を見つけられたのだと、とてもうれしく思います。

この本をつくるのに、一年以上かかりました。実際書きはじめてみると、この植物も欲しい、あの植物の写真が……などというのをいい理由にして、なんだかたくさんお取り寄せをしてしまいました。おかげで、狭いベランダが植木鉢でいっぱいです。結局、一番楽しんでいたのは自分かも知れません。

また、きれいな青いケシの写真を撮りに久しぶりに「咲くやこの花館」を訪ねましたし、子どもの頃よく行った京都府立植物園にも、夏には浜名湖花博にも足を運びました。ちょうど、日本で初めて咲いたというバオバブを見ることができました。

いつになく、デジカメでたくさんの植物写真を撮ったような気がします。ちょうどいいときに撮影してやるのは、けっこう難しいものだとわかりました。

ここ数日、ようやく春めいてきて、ビオラやパンジーが花盛りです。リトープスの新球も成長をはじめ、古い皮を破って顔を見せはじめました。また、今月は静岡で開かれた朝顔の愛好家の集まりに顔を出して、普段はインターネットでしか知らない方々と実際に会って、ひとときの朝顔談義に花が咲きました。そろそろタネまきの時期なので、今年はどんな朝顔を咲かせようかと悩んでいます。さらに、今度はコンニャクを育ててみたくなって、新たな「ひみつの植物」も開拓しているところです。

最後に、いつもインターネットで話し相手になってくださる方々、自慢の植物たちをホームページで公開されている方々、紹介するにあたって快諾をいただきありがとうございました。そして、WAVE出版編集部の飛田淳子さんには、いろいろとお世話になりました。そんな皆さんのおかげで、この本はできあがっています。

二〇〇五年三月　藤田 雅矢

「ひみつの植物」データ

＊50音順

国立歴史民俗博物館
千葉県佐倉市城内町117
tel.043-486-0123
http://www.rekihaku.ac.jp/
植物苑では、夏期に変わり咲き朝顔の展示がある。

咲くやこの花館
大阪府大阪市鶴見区緑地公園2-163
tel.06-6912-0055
http://www.sakuyakonohana.com/
幻のヒマラヤの青いケシが年中見られます。

筑波実験植物園
茨城県つくば市天久保4-1-1
tel.029-851-5159
http://www.tbg.kahaku.go.jp/
園内にはおよそ4千種の植物が植栽され、温室にはヒスイカズラのほか、オーストラリアの植物もあります。

とちぎ花センター
栃木県下都賀郡岩舟町大字下津原1612
tel.0282-55-5775
http://www.florence.jp/
温室には、奇想天外の鉢植えやヒスイカズラもある。花き類の即売などもあり。

広島市植物公園
広島県広島市佐伯区倉重3-495
tel.082-922-3600
http://www.hiroshima-bot.jp/
こちらも夏にはオオオニバスの試乗ができる。変わり咲き朝顔展もあり。

植物園

熱川バナナワニ園
静岡県賀茂郡東伊豆町奈良本1253-10
tel.0557-23-1105
http://www.i-younet.ne.jp/~wanien/
熱帯スイレンやオオオニバス、チランジア……もちろんワニもいます。

茨城県フラワーパーク
茨城県石岡市下青柳200番地
http://flowerpark.or.jp/
四季咲きのバラ園が美しい。花卉類の即売などもあり。

神奈川県立フラワーセンター大船植物園
神奈川県鎌倉市岡本1018
tel.0467-46-2188
http://www.pref.kanagawa.jp/cnt/f598/
しゃくやく、はなしょうぶなどを中心に、温室ではヒスイカズラも見られます。

京都府立植物園
京都府京都市左京区下鴨半木町
tel.075-701-0141
http://www.pref.kyoto.jp/plant/
温室では奇想天外が見られる。著者も子どもの頃よく行きました。

京成バラ園
千葉県八千代市大和田新田755
tel.047-459-0106
http://www.keiseirose.co.jp/
種類の多さは圧巻。バラ園でみたバラを付属の園芸店で買うこともできる。

奈良多肉植物研究会
http://www3.kcn.ne.jp/~sakainss/

日光種苗
tel.028-662-1313
http://www.rakuten.co.jp/nikkoseed/

野口のタネ
tel.042-972-2478
http://noguchiseed.com/

花の館
tel.019-674-2992
http://www.interq.or.jp/green/hananoya/

ブリティッシュシード
tel.0584-51-1076
http://www.britishseed.com/

山城愛仙園
tel.06-6866-1953
http://www.aisenen.com/

レアプランツ ジャパン
http://www.page.sannet.ne.jp/chama/

ワイルドスカイ
tel.03-5667-7153
http://www.wildsky.net/

Mesagarden
http://www.mesagarden.com/

Silverhill seeds
http://www.silverhillseeds.co.za/

Thompson & Morgan
http://www.thompson-morgan.com/

夢の島熱帯植物館
東京都江東区夢の島2-1-2
tel.03-3522-0281
http://www.yumenoshima.jp/
都内からのアクセスがよく、気軽に行ける植物園。大温室には食虫植物やタビビトノキなどもある。

キュー王立植物園
http://www.kew.org/japanese/
ロンドン郊外にある世界最大規模の植物園。ユニークなデザインの巨大な温室が有名です。

販売業者

おぎはら植物園
tel.0268-36-4074
http://www.ogis.co.jp/

季節の花　花心
tel.0898-48-8784
http://www.kashin.jp/

京成バラ園芸
tel.047-459-0106
http://www.keiseirose.co.jp/

国華園
tel.0725-92-2737
http://www.kokkaen.co.jp/

サカタのタネ
tel.045-945-8824（通信販売部）
http://www.sakataseed.co.jp/

タキイ種苗
http://www.takii.co.jp/

たゆみまWebサイト PINEAPPLE NETWORK
http://pineapple-net.jp/

変化朝顔研究会
http://www.geocities.jp/henka_asagao/

ホスタ協会
http://www.americanhostasociety.org/

メセン実生試行錯誤記
http://members2.jcom.home.ne.jp/mesembs/

仙人掌—夢の世界—
http://rampo.watson.jp/

愛好家など

アサガオホームページ
http://mg.biology.kyushu-u.ac.jp/

Webシャボテン誌
http://www5e.biglobe.ne.jp/~manebin/

京都パンジー通信
http://kyoto.pansy.mepage.jp/

巨大カボチャコンテストのHP
http://www.pumpkinfest.org/

ケルベラ推進委員会
http://www3.plala.or.jp/harahara/cerbera/

Kentの食虫植物Webページ
http://kent.la.coocan.jp/

コノフィツムの世界へようこそ
http://www.geocities.jp/mesembryanthema/

植物物語
http://www2.plala.or.jp/ttni/

ジャックと豆の木会
http://www.asahi-net.or.jp/~PV4R-HSM/jackbean.html

ジャンボひょうたん会
http://www8.ocn.ne.jp/~yyotsuki/

ティランジアの世界
http://www.age.cx/~airplant/

Victoria Adventure
http://www.victoria-adventure.org/

フクシアの愉しみ
http://www.fuchsia.jp/

撮影協力

熱川バナナワニ園

茨城県フラワーパーク

京都府立植物園

国立歴史民俗博物館

咲くやこの花館

筑波実験植物園

とちぎ花センター

変化朝顔研究会

夢の島熱帯植物館

キュー植物園

アデレード植物園

写真提供協力

九州大学・仁田坂英二先生

植物物語
(http://www2.plala.or.jp/ttni/)

和佐
(http://wasa2004.hp.infoseek.co.jp/)

著者プロフィール

藤田雅矢（ふじた・まさや）
京都大学農学部卒・農学博士。某研究所で植物の研究を行うかたわら、執筆活動を行う。第7回日本ファンタジーノベル大賞優秀賞を受賞。日本SF作家クラブ会員。著書に『星の綿毛』（早川書房）、『つきとうばん』（教育画劇）、『捨てるな、うまいタネNEO』『まいにち植物』（WAVE出版）、『クサヨミ』（岩崎書店）など。小学生の頃からお小遣いをためて、不思議な植物をお取り寄せしていた筋金入りの植物ハカセ。

ひみつの植物

2005年5月5日第1版第1刷発行
2013年7月15日　　第6刷発行

著者　藤田雅矢

発行者　玉越直人

発行所　WAVE出版
〒102-0074
東京都千代田区九段南4-7-15
TEL 03-3261-3713　FAX 03-3261-3823
振替　00100-7-366376
E-mail：info@wave-publishers.co.jp
http://www.wave-publishers.co.jp/

印刷・製本　中央精版印刷

NDC470 191p 19cm　ISBN978-4-87290-220-4